园艺大师系列

图说柑橘整形修剪与12月栽培管理

[日] 三轮正幸 著

新锐园艺工作室 组译

U0395265

中国农业出版社

北 京

前　言

　　很早以前，柑橘就和日本民众的生活有着密切的关系。冬至泡柚浴祛除寒冷、正月的年糕上放置代代橘（一种酸橙）来祈祷子孙繁荣等，这些例行仪式都离不开柑橘。此外，很早以前陈皮就被当作药材用于保健。

　　柑橘的代表品种是温州蜜柑，没有籽，并且容易剥皮，因此从很早开始就受到人们的喜爱，即使如今日本消费低迷，温州蜜柑在柑橘中也是生产最多的品种。根据日本农林水产省发布的数据，温州蜜柑的生产量在水果中位居第一，并且与第二名苹果、第三名梨之间的差距*继续拉大。此外，台湾香檬、鹿儿岛的樱岛小橘、德岛的酸橘和大分的臭橙等被称作特产柑橘，其产量虽然少，但是深受当地人喜爱。最近，柑橘中无籽、易剥皮、带有橙的清香味儿的不知火（商标注册名：凸顶柑）、濑户香、春见等受到消费者的喜爱。

　　柑橘的种类与品种多样，收获果实的季节也有所不同。因此，一年中在多个季节收获果实，也是栽培柑橘的魅力所在。

---

　　* 日本平成17～26年（2005—2014年）水果生产统计的平均值。温州蜜柑928 010吨，苹果804 070吨。

柑橘的栽培和管理工作并不烦琐，且抗病虫害能力比较强，如果不在意少许的受害，可以采用无农药栽培，也是非常适合园艺初学者的果树。柑橘还具有良好的观赏性，欣赏开花与果实颜色的变化等，也是件非常有趣的事。此外，将亲手栽培收获的果实与家人分享，那将是无比幸福的瞬间。

　　本书归纳了柑橘栽培的要点和经验，通俗易懂，阐述详细。如果能把栽培柑橘的魅力与妙趣传达给更多的人，将是我非常荣幸的事情。最后，本书中引用了许多新旧研究成果，向这些从事柑橘栽培方面工作与研究的前辈们表示敬意和衷心的感谢！

　　　　　　　　　　　　　　三轮正幸

目 录

前言

第3章 柑橘12月栽培管理 ……………………………………………… 47

第4章 柑橘的日常管理与繁殖 ···················· 93

第①章
柑橘的魅力与
栽培准备

什么是柑橘

不同品种的柑橘大小、颜色、形状和味道各不相同。

柑橘有超过500种丰富多彩的品种

　　柑橘是芸香科柑橘属、金柑属、枸橘属（最新APG植物分类体系中把以上3属合并为橘属）的总称。据说日本上市的柑橘品种已经超过500种。

　　几乎所有柑橘在5月开花，早熟品种（酸橘）在8月就开始采收，温州蜜柑等10～12月开始着色，并迎来采收的鼎盛期。脱酸晚的品种就算到翌年1月以后依旧可以挂在树上度过冬季，一些晚熟品种（伏令夏橙）可以陆陆续续采收到7月。一年中每个季节都有可采收的品种，这是柑橘独有的魅力。

● 柑橘的生长周期与采收时期*

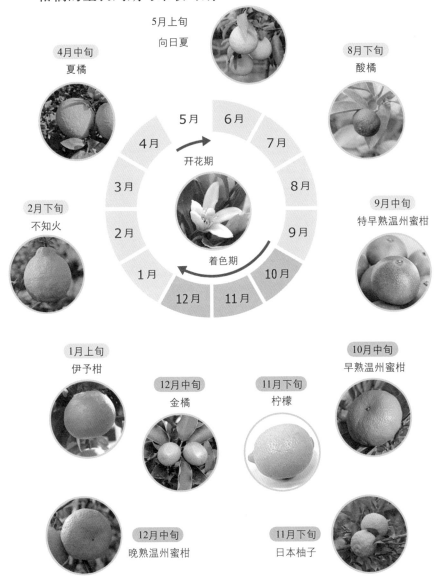

5月上旬
向日夏

4月中旬
夏橘

8月下旬
酸橘

5月　6月

4月　7月

3月　开花期

2月　8月

2月下旬
不知火

1月　9月

着色期

1月　10月

12月　11月

9月中旬
特早熟温州蜜柑

1月上旬
伊予柑

12月中旬
金橘

11月下旬
柠檬

10月中旬
早熟温州蜜柑

12月中旬
晚熟温州蜜柑

11月下旬
日本柚子

＊　采收时期是以日本关东地区为基准的参考值。

3

原产地从印度东北部到中国南部

柑橘最原始的品种（祖先）在距今2 000万～3 000万年前的印度东北部至中国南部地区诞生。之后，通过动物、人类等传播，再经过反复的杂交，产生了柑橘的新品种，其中品质好的品种被人们利用，并传播到了世界各地。

例如，原始品种传播到印度衍生出椪柑；传播到欧洲，衍生出地中海柑橘、克里迈丁红橘、血橙等；传播到日本的鹿儿岛县长岛町，衍生出温州蜜柑；传播到东南亚的泰国等，衍生出文旦；传播到西印度群岛的巴巴多斯，衍生出葡萄柚，并传遍世界各地。据推测日本的野生立花橘是从中国南部传播而来的。

现在，通过育种培育出许多口感好、容易栽培的新品种。

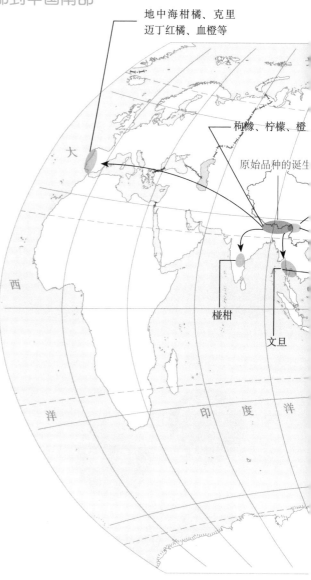

地中海柑橘、克里
迈丁红橘、血橙等

枸橼、柠檬、橙

原始品种的诞生

椪柑

文旦

资料来源:《水果事典》杉浦明等（朝倉书店2008年）；
《栽培植物的起源于传播》星川清亲（二宫书店1978年）。

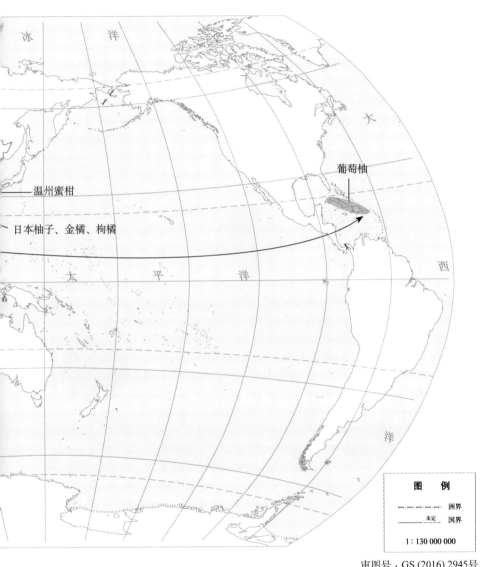

温州蜜柑

日本柚子、金橘、枸橘

葡萄柚

冰　洋

大

西

太　平　洋

洋

图　例

|　　　|　洲界

未定　国界

1：130 000 000

审图号：GS (2016) 2945号
自然资源部　监制

柑橘的分类

柑橘种类繁多，但是从DNA的角度大致可以分为橘类、文旦类与枸橼类3种。也就是说，现在市场上流通的柑橘几乎都是这3个种类中的1种，或者是由其杂交产生。

如果知道了柑橘的由来，可能在吃橙时会感觉到橘和文旦的味道。

● 柑橘的亲缘关系

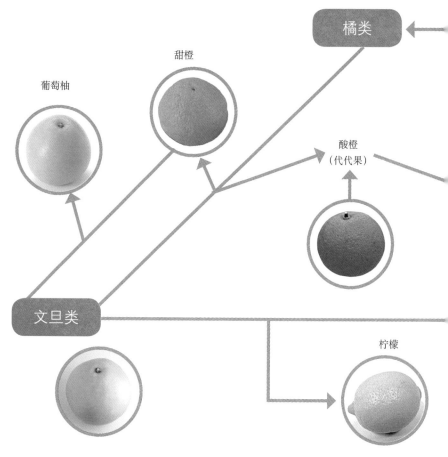

资料来源：《品种改良的世界史 作物篇》鹈饲保雄等（悠书馆，2010年）

对于反复杂交的柑橘来说，可以用父本和母本的组合进行分类。例如，橘（tangerine）和橙（orange）结合产生的种类，用tangerine和orange的合成词tangor（柑）命名。本书第2章日本人气柑橘品种推荐中就利用了这些合成词进行分类。但还有些无法区分来源的种类，归纳为杂柑类。此外，香酸柑橘的分类不是依据杂交品种的父本和母本，而是依据香气强弱与酸度高低。

● 体现柑橘分类的合成词

橘（<u>tangerine</u>）×橙（<u>orange</u>）→柑（tangor）　橘（<u>tangerine</u>）×文旦（pome<u>lo</u>）→橘柚（tangelo）

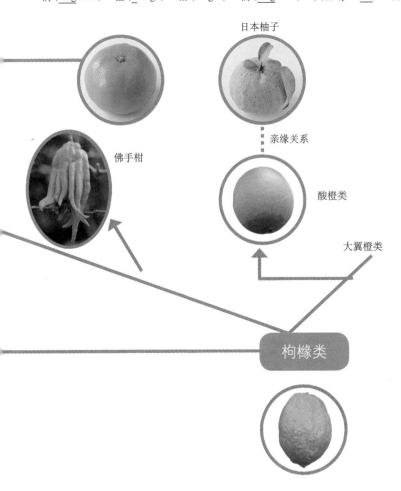

日本柚子

佛手柑

亲缘关系

酸橙类

大翼橙类

枸橼类

7

栽培柑橘的魅力

可以品尝到熟透的果实

柑橘成熟的同时含糖量上升、酸度降低。考虑到运输过程中的颠簸和发货价格的变化，市场上出售的柑橘一般是提早采摘的。如果在家中栽培，就能在味道最鲜美时采摘。

可以品尝到新品种和稀有品种

近年，市场上出现了许多柑橘新品种。但是，越是新品种，生产量越少，有时很难买到。此外，小时候吃过家乡特产的稀有品种，在现居住的城市有可能吃不到。但是，如果自家栽培，每年都能品尝到想吃的柑橘。

● **熟透的果实**

自家栽培柑橘能在味道最鲜美时采摘。

● **稀有柑橘品种实例——佛手柑**

具有格雷伯爵茶的香气。可从果皮中萃取精油，用于制作香薰等。但是果肉的酸味过强，用途很少。

8

为餐桌提供安心的水果

柑橘中像日本柚子、柠檬等带皮食用的时候非常多，但是从市场购买的柑橘会担心是否使用了农药。在家中栽培，如果不是特别在意外观和产量，可以无农药栽培，为餐桌提供令人放心的水果。

感受采收果实以外的乐趣

● 把放心的水果搬上餐桌

如果是无农药栽培，可以带果皮一起安心食用。

柑橘是常绿树木，一年四季都有绿叶，庭院中种植柑橘可以当做绿篱使用。春天可以赏花，夏天可以遮阳，秋天可以感受果实慢慢成熟，冬天可以欣赏到黄色的果实与浓绿色叶子的鲜明反差。还有，你可以摘下一片叶子，用手揉捏，叶子里所含的精油就会扩散到空气中，在没有果实的时节也能享受柑橘的香味。请务必尝试一下。

● 果实以外的乐趣

揉捏叶子，油细胞当中的精油扩散到空气中，散发出香味。柚叶散发柚的香味，柠檬叶散发柠檬的香味，不同种类柑橘的叶子散发不同的香味，因此可以享受各类柑橘的香味。

叶子和果实中含有装满精油的颗粒状组织细胞被称作油细胞。

庭院栽培与盆栽的选择

　　所有的柑橘都可以选择庭院栽培与盆栽两种方式。了解这两种栽培方式各自的优点与缺点，选择适合自己的栽培方式。

　　庭院栽培的优点是果实产量大、浇水次数少和不需要移植，因此，庭院栽培是最普遍的方式。然而，果树容易生长过大、达到初次结果的时间较长是庭院栽培的缺点。此外，庭院栽培不方便采取防寒措施，耐寒性弱的柑橘品种干枯的风险高也是个栽培难点。

　　盆栽的体积小，易坐果，达到初次结果的时间较短是其最大的优点。此外，如果冬季搬至室内，耐寒性弱的柑橘品种也可以栽培。但盆栽需要频繁的浇水和移植。

● 庭院栽培的特点

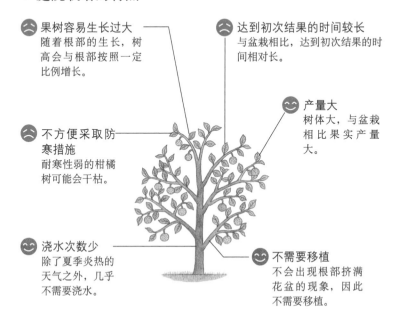

果树容易生长过大
随着根部的生长，树高会与根部按照一定比例增长。

达到初次结果的时间较长
与盆栽相比，达到初次结果的时间相对长。

产量大
树体大，与盆栽相比果实产量大。

不方便采取防寒措施
耐寒性弱的柑橘树可能会干枯。

浇水次数少
除了夏季炎热的天气之外，几乎不需要浇水。

不需要移植
不会出现根部挤满花盆的现象，因此不需要移植。

● 盆栽的特点

😊 **坐果好**
枝叶的生长被抑制,坐果变好(参照下方表格中的内容)。

😊 **体积小**
因为体积小,没有院子也可以栽培。

😊 **达到初次结果的时间较短**
与庭院栽培相比,具有达到初次结果期的时间缩短的趋势。

😊 **耐寒性弱的果树也可以栽培**
冬季可以将盆栽移到室内等场所,因此,耐寒性弱的柑橘也可以栽培。

😟 **采收量少**
与庭院栽培相比,果树的体积小,因而采收量也少。

😟 **需要频繁浇水**
根少,易干枯,因此,夏季需要每天浇水。

😟 **需要移植**
每过2～3年,花盆中会有许多老去的根须,会出现打结现象,因此,需要进行移植(84～85页)。

盆栽坐果好

　　树的枝叶生长过旺时,大部分的养分都被用于枝叶生长,就会造成花和果实的养分不足,进而影响花量与坐果量。根与枝叶的生长具有联动性,庭院栽培的根部生长不受限制,容易形成茂盛的枝叶,因此容易出现不易坐果的情况。与之相反,盆栽限制了根部的生长,枝叶的生长也受到限制,有容易坐果的倾向。

　　从小苗开始定植,达到初次结果,如果是庭院栽培需要4～6年,如果是盆栽则缩短至3～5年。定植后,树木相对于繁殖后代(果实)会优先壮大自己的身体(枝叶)。因此,限制根部生长的盆栽,提早结束了枝叶的生长,养分提早供给了花和果实,从而缩短了达到初次结果期的时间。

选购优质苗木

推荐在3月和9～10月购买苗木

无论在什么时节都能买到苗木，但3月和9～10月是苗木交易最活跃的时期。因为这时期最适宜栽种，购买后就能立即定植（庭院定植只能在3月）。

如果在其他时期购买，不要勉强定植，在容器内培育到适合栽种的时期最为安全。无论如何都想栽种时，要注意在定植时不要剪短根部，尽量不要损伤苗木。此外，在7～8月的酷暑时期和1～2月的严寒时期，苗木容易受伤，尽量避免在此时期定植。

购买方式有实体店购买和网购

想在自家培育柑橘时，从园艺店或苗木交易市场等购买是既方便又普遍的选择。特别是在后文中提到的大苗，在购买时需要确认苗木的大小、分枝的位置、有没有果实等细节。在实体店购买，这些细节都能亲眼确认，最后就可以直接购买自己心仪的苗木。

苗木专卖店和种苗公司等的网购销售量不断增大。如果对种类、品种、砧木等有独特要求，可以选择网购。大多数公司都会用电话或邮件的方式进行交流和解答疑问。虽然不能面对面交流，但是服务内容很全面。还有一个好处就是把苗木直接送到家，省去了自己搬运的麻烦。

苗木的大小和种类

柑橘是多年生植物，市场出售的苗木大小不一，树龄也是参差不齐。但这些可以笼统地区分为大苗和小苗。

小苗是一二年生的苗木，有1～2个分枝，且枝干笔直的较多。价格便宜，流通量大，还可以对应多种用途的需求。

大苗是三年生以上的苗木，有很多分枝。相对小苗，距离初次结果时间短，甚至有的已经坐果。

小苗一般用于庭院栽培，大苗用于盆栽。

大苗（左），小苗（右）。

鉴别苗木好坏的方法

　　判断苗木的好坏，首先要观察叶片的颜色和数量。叶片总体呈现浓绿且数量多的是好苗木。相反，叶片总体呈现黄色且数量少的苗木是生长发育状态不好的苗木。

　　在选择大苗的时候，相对于观察坐果，更重要的是观察叶片。还有，要避免选择有病虫害预兆的苗木。

　　特别是触碰到植株下部的枝干时有晃动的情况，很有可能是受到了金龟子幼虫的侵害，或者是根量少，定植不久就会枯萎，所以必须好好确认。

好苗木（左），坏苗木（右）。

庭院定植

适宜定植的时期为2月下旬至3月下旬

根部发育缓慢，并且能够避免寒冷天气对苗木伤害的时期就是适宜定植的时期。根部发育缓慢的时期是11月至翌年2月中旬，但是这时期定植，根和枝叶可能被冻伤。因此，2月下旬至3月下旬是适宜定植的时期。有些地区即使到了3月还是可能受到冻害，可以适当延迟到4月发芽前定植。

根据日照和排水条件选择定植场所

光照充足、排水条件好的环境，有利于坐果、提高果实品质。相反，常在大风、冷气聚集的环境下，果树易出现发育不良，因此，要尽量避免在这种环境下定植。

定植穴的标准

选定定植场所后，在定植前的1～2个月挖好定植穴。定植穴一般直径100厘米、深75厘米，最小也要确保不能低于直径70厘米、深50厘米。

定植穴的范围要比实际定植需要的范围大，这是为了改善根部周围土壤的物理和化学性能，有利于将来根部生长。

挖定植穴时翻出来的土壤，可以混入有机物，也可以进行酸碱度的测试与调整。

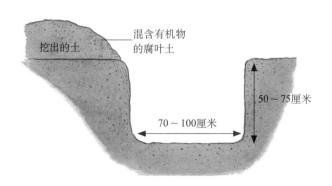

挖出的土　　混含有机物的腐叶土

70～100厘米

50～75厘米

施用有机肥

将挖定植穴时翻出的土与腐叶土、堆肥等有机肥混合。这样除了增加养分外，更重要的是疏松土壤，有利于细根的生长，改善土壤的排水性能等。

如果定植穴直径100厘米、深75厘米，需要混合48 ~ 60升有机肥。如果定植穴直径70厘米、深50厘米，需要混合16 ~ 20升有机肥。

另外，很多人认为，定植时要混入大量的碘肥、磷肥等化肥，但大量的化肥会烧伤苗木的新根，还有可能会使根和枝叶生长过剩，因此本书中没有介绍施用化肥。

土壤与腐叶土等混合，可以改善土壤的物理性质。

化肥烧伤树根

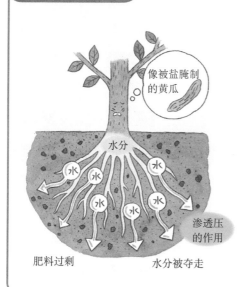

像被盐腌制的黄瓜

水分

水 水 水

水 水

肥料过剩

水分被夺走

渗透压的作用

施用化肥容易被误解为越多越好。如果施用化肥过多，土壤中化肥的浓度就会增加，因为渗透压的影响，植株根部的水分会流失，浇水再多也可能会萎蔫。原理和腌黄瓜一样，化肥就像盐，根就像黄瓜。这种现象就叫化肥烧伤。要特别注意浓度比例高的化肥。有机肥不会出现烧伤现象，但如果定植过深，根部会出现缺氧和过湿，也会损伤果树。

测定与调节土壤的酸碱度

柑橘的根喜弱酸性，即pH 5.5 ～ 6.0的土壤。因此，定植土壤的pH离5.5 ～ 6.0越远，对果树的生长越不利。如果有条件可以购买酸碱度测量套装、酸碱度测量仪，对挖出来的土壤进行测试。如果pH低于4.5或高于7.0，则需调整土壤的酸碱度。

想提高土壤pH时，可以使用石灰调节。市场上有消石灰和苦土石灰，建议选用含镁、作用温和的苦土石灰。一般将每平方米土壤的pH提高1.0，需要苦土石灰300克。相反，降低土壤pH时，可以使用硫黄华（升华硫黄），在网上可以买到。一般将每平方米土壤的pH降低1.0，大约需要硫黄华200克。

无论是哪种操作，调节后需要再次测定pH，反复操作，直到土壤pH在5.5 ～ 6.0的范围内。

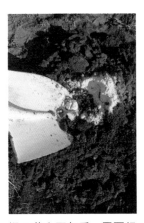
混入苦土石灰后，需要经过一定时间后才能与土壤完全结合，因此需要在定植前1 ～ 2个月前进行。

市面很少见到销售硫黄华，最好在网上购买。

市面上销售的酸碱度测量套装。将土壤与水混合，取出澄清液，滴入测定液即可测定。

市面上可以购买到家庭园艺用的酸碱度测量仪，可插入土壤中进行测量。

● 庭院定植流程

❶在定植前1～2个月挖好定植穴，再将土返填回定植穴中。根据需要，测定和调整酸碱度。照片中，土壤颜色有变化部分是1个月前已经准备好的定植穴。准备好苗木、铁锹、支架等。

❷将准备好的定植穴内的土壤挖出。因为土壤被翻过一次，已经变得松软。因此，定植时只需要挖到能掩埋苗木根部的程度即可。

❸将苗木打结的根揉开，剪去粗根的前端，促进新根的生长发育。在适宜定植的时期，剪短根部，不会对苗木产生损害。

❹将苗木放入定植穴中央，填土。如果土壤埋过嫁接部位（疙瘩形状的凸起部位），树势就会变强，从而引起坐果减少，因此注意不要定植过深。

❺如果定植的是小苗，从离植株底部30～50厘米处剪短。如果是大苗，简单的修剪一下枝叶即可。之后，利用支架，将苗木固定好。

❻浇水要充足。如果植株周围的土层下陷，要将其恢复平整后再浇水。

盆栽定植

适合定植的时期为春季和秋季

　　与庭院定植相同，2月下旬至3月是适宜定植的时期。此外，如果是在室内栽培，不会受到冬季寒冷天气的影响，因此，在9～10月定植也可以。

　　盆栽需要以下物品。本书将对苗木、花盆、用土、盆底石进行详细介绍。

①苗木。②比苗木大一圈的花盆。③用土。④盆底石。⑤移栽用的铲子。⑥修枝剪。⑦园艺用手套。根据苗木的种类可能需要支柱与绳子。

推荐选用大苗

　　作为盆栽的苗木，可以用购买时就带有的花盆培育，相比小苗，大苗有达到初次结果时间短的优势，所以推荐选用大苗。在选择大苗时，尽量选择在植株较低的部位有许多分枝的，结果位置多且体积小的苗木。

（左）从枝干上部开始分叉的大苗木，适宜庭院栽培。
（右）在植株较低的部位有许多分枝的大苗，适宜盆栽。

选择重量轻的花盆

根据材质的不同，可以分为塑料盆、素烧盆、陶瓷盆等。最近市场上出现了既轻又结实，并且外观好看的树脂盆。盆栽柑橘，在冬季寒冷时需要移到温暖处，因此，推荐使用轻便的塑料盆或树脂盆。

还有一种塑料盆，盆底是裂缝式设计。排水效果好，还精心设计了防止根须打结的构造，据说定植后植株生长非常好。

从花盆的形状方面考虑，可以选择直径和高度接近的花盆。从花盆的大小方面考虑，可以选择方便移动且体积小的6～10号（直径18～30厘米）花盆。花盆的边缘除了圆形以外，还有四角形、长方形的，这样的花盆也可以选用。

树脂盆。比塑料花盆结实，外观美观。

塑料盆。轻便,价格低廉，使用量最多。

裂缝式盆。因为有裂缝，排水效果好，根须不易缠绕在一起。

素烧盆。分量重、价格高。但是因为有多孔性质，通气性和吸水性好。

陶瓷盆。在素烧的基础上添加釉料后高温烧制而成的花盆，通气性较差。

选用市面上销售的土

虽然可以将庭院土壤或农田土壤改良后使用，但是容易出现杂草繁多，排水性能恶化等现象。请尽量使用在市面购买的土。如果条件允许，购买果树、花木专用土最好，不用加工，直接可以使用。如果没有，可以将蔬菜专用土与小粒鹿沼土以7∶3的比例混合使用。另外，这些土是弱酸性（pH5.5 ~ 6.0），不需要调整酸碱度。

果树、花木专用土使用最为方便。

（左）蔬菜专用土∶鹿沼土=7∶3。
（右）混合后。

选用重量轻的盆底石

盆底石是放入花盆底部的大粒石子。花盆底都有排水孔，如果把土壤直接放到花盆里，每次浇水都会使土壤从排水孔流失。在盆地放置盆底石，可起到滤网的作用，减少土壤的流失。此外，还可提高排水效果，防止根在盆底过度打结，影响生长。在花盆底部铺3厘米盆底石即可。如果用前面提到的裂缝式盆或底部有网状结构的花盆就不需要盆底石。

推荐使用重量轻的盆底石。

底部有网状结构的花盆。

● 盆栽定植流程

❶准备好18页提到的工具。将苗木横放，如果花盆底部有根须伸出，需要剪掉。敲击振动花盆，将苗木取出。

❷轻轻揉开苗木的根。如果有粗大的根，需要剪短，促进新根的生长发育。在适宜定植的时期，剪短根部，不会对苗木产生损害。

❸在比苗木大一圈的花盆里铺3厘米厚的盆底石（有些情况不需要铺盆底石）。

❹放入5～10厘米厚的土后再放入苗木。通过增减用土的厚度，调整苗木的高度。

❺用土厚度需要调整到距离花盆的边缘3厘米处。需要注意用土不要埋过嫁接部位（疙瘩形状的起包部位），不然会引起树势变强，坐果减少。

❻如果定植的是小苗，可立一根支柱。如果是大苗基本不用支柱。完成后需要进行充分浇水。

整形修剪

定植时没有修剪，通过主干整形后的盆栽柠檬。

整形修剪是指定植后的植株通过修剪、引导等方法使植株的形态结构接近目标形态结构。柑橘无论是庭院栽培还是盆栽，主要采用以下2种整形修剪方法。

变则主干形

疏剪定植后的几年间长出的比较拥挤的树枝，剪短较长的树枝。如果树高过高，剪短到分枝处。

这种方法可以用于放任不管的树木从中途开始整形，因此家庭中经常用到。

定植时

如果是小苗，定植时不需要剪短。只是树枝长势非常弱时需要稍微剪短，促进发育出健壮的侧枝。大苗参照下一页"自然开心形"整形的第2～3年修剪。

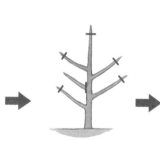

第2～3年

疏剪树枝密集的部分，长树枝剪短，促进树木生长。

（阻止主干的生长）

第4年以后

继续疏剪和剪短。树长高时，剪掉分枝处以上树梢部分（阻止主干的生长），抑制向上生长。

自然开心形

定植时剪短苗木，促进长出强壮的侧枝。定植2～3年后，从植株较低的部位留下2～4根侧枝，作为干枝培养。将选定的干枝用绳子等引导，使其横向倾斜生长，降低树的高度。

与变则主干形整形修剪相比树高较低，被大多数生产者采用。这种方法适用于从小树开始实施，如果放任几年后，此方法很难实施。

用自然开心形整形修剪的柠檬盆栽，从植株较低的部位留下2条干枝。

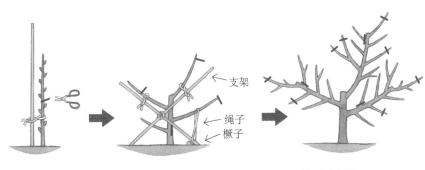

定植时	第2～3年	第4年以后
如果是小苗，庭院栽培时剪短至30～50厘米、盆栽时剪短至20～30厘米，促进树枝的生长。大苗参照"第2～3年"。	将长出来的分枝留下2～4根，其余全部剪掉。利用支架、橛子、花盆的盆边等引导这些留下的树枝横向倾斜生长，并用绳子固定。	让留下的2～4根粗的干枝生枝、结果。尽量剪掉向上生长的枝干，降低树高的高度。

支架

绳子

橛子

日本的柑橘产地

　　日本柑橘的产地集中在气候温暖的山阳山阴地区、四国岛、九州地区，特别是爱媛县的多种柑橘，产量都居于日本榜首。另外，关东地区以北虽然产量少，但是也有栽培。耐寒性强的日本柚子，在关东地区的福岛县（17.3吨、排名25）、宫城县（9.9吨、排名30）都有栽培。臭橙在东京都（2吨、排名6）与群马县（1吨、排名7）都有栽培。

　　一般来说，柑橘适地栽培可以减少失败的概率。所以，最好选择当地主产的柑橘或选择相似气候环境生产的柑橘。如果想在离主产地较远的寒冷地带栽培，选择盆栽，并创造与主产地相似的环境，也可以栽培。

县	柑橘品种	县	柑橘品种
广岛县	脐橙、安政柑、八朔柑、春香、柠檬	爱媛县	椪柑、南津海、血橙、天草、晴姬、濑户香、春见、多摩见、河内晚柑、伊予柑、酸橙
佐贺县	丽红	德岛县	酸橘
大分县	臭橙	高知县	文旦、日本柚子
熊本县	不知火、晚白柚、正甜橘柚、夏橙	和歌山县	温州蜜柑、伏令夏橙、清见
宫崎县	金橘、日向夏	神奈川县	黄金柑
鹿儿岛县	唐柑、佛手柑	静冈县	葡萄柚、代代酸橙
冲绳县	台湾香檬		

资料来源：日本农业部，平成24年度特产果树生产动态等调查资料。

第②章
日本人气品种推荐

日本人气品种推荐

味道、耐寒性、采收时期、是否需要授粉树等是选择品种的重要考虑因素

　　在选择柑橘品种时，选择自己喜欢吃的柑橘是最基本的选择条件。自己喜欢的程度深，在培养管理过程中才会全身心投入。除此之外，还有些需要注意的事项。

　　特别需要注意的是严寒。柑橘总体上是耐寒性弱的植物，根据种类和品种的不同，柑橘能够承受的最低温度也不同（参照下表）。选择的柑橘品种能够承受的最低温度要比居住地最低气温低是最基本的条件。能够承受的最低温度较高的柑橘，应该选择盆栽，便于冬季移到室内。

　　此外，采收期也需要注意。晚熟品种（1～6月采收）的果实生长期长，受到病虫害与寒冷气温影响的风险高，栽培难度大。

　　大部分柑橘是自花授粉，栽培一颗果树就能结果。但八朔柑、向日夏、文旦、晚白柚等利用自己的花粉不易受精，因此需要在周围放置其他种类或品种作为授粉树。

● 柑橘能够承受的最低温度

	年平均气温	最低温度*		年平均气温	最低温度
柚	13℃	−7℃	夏橘	16℃	−5℃
臭橙	14℃	−6℃	向日夏		
酸橘			清见		
温州蜜柑	15～18℃	−5℃	不知火		
伊予柑	15.5℃	−5℃	橙		
八朔柑			柠檬	15.5℃	−3℃
椪柑	16℃	−5℃	文旦	16.5℃	−3℃
金柑			桶柑	17.5℃	−3℃

＊　表示枝叶开始枯萎的温度。
资料来源：振兴果树农业基本方针（农业部2010年）。

温州蜜柑

采收期/9月中旬至10月中旬（极早熟）、
10月中旬至12月上旬（早熟）、11月下旬至
12月上旬（中熟）、12月上旬至下旬（晚熟）

果重/100 ~ 150克

栽培难易度/★★

特征/花粉败育，因此果实没籽。但若
附近有日本柚子等花粉发育正常的柑橘
时，可能会长籽。

栽培要点/总体上坐果较好，但易出现隔
年结果，因此需要疏果。地区最低气温如
果低于−5℃，应该选择盆栽或温室栽培。

日南1号（超早熟品种），采收期早、
果皮留有绿色，特点是口感清爽。

青岛温州蜜柑（晚熟品种），果实大、扁平、
耐储藏，上市可持续至3月。

宫川早生（早熟品种），果实大，一
般不出现隔年结果，口味甘甜。

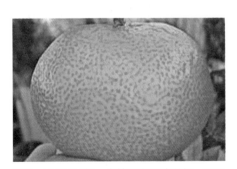

石地（中熟品种），含糖量高且味道好，不易
发生肉与果皮之间有缝隙的浮皮现象（77页）。

兴津早生（早熟品种），果树比宫川
早生的树势强，坐果也好。

用★的数量表示栽培的难易程度，★表示简单，★★表示一般，★★★表示难。

椪柑

采收期 / 12月上旬至下旬

果重 / 150 ~ 200克

栽培难易度 / ★★

特征 / 酸味弱，具有上乘的甘甜味。容易剥皮，囊壁薄，食用方便。主要品种有小果系列的太田椪柑和森田椪柑，大果系列的吉田椪柑等。

栽培要点 / 可承受最低温度为-5℃。选择肥沃、疏松的土壤。椪柑树形大，要做好修剪工作。

樱岛小橘

采收期 / 12月上旬至下旬

果重 / 40 ~ 50克

栽培难易度 / ★

特征 / 果实直径约5厘米，被称为"世界最小的橘子"。日本鹿儿岛县樱岛的特产。除了直接吃以外，还可把果皮烘干、切碎后，当做烹饪调料使用。

栽培要点 / 坐果好、产量高、栽培简单。喜好排水好的土壤与温暖的气候环境。

南津海

采收期 / 4 ~ 5月

果重 / 150克

栽培难易度 / ★★

交配品种 / 彩色柑橘 × 吉浦椪柑

特征 / 味道较甜，囊壁较软。果实挂在树上越冬，因此，糖度较高。

栽培要点 / 树势强、耐寒性较强，但-4℃以下容易失水而干枯。因为果皮软，鸟喜欢吃，所以需要预防鸟害。

伏令夏橙

采收期/ 6 ～ 7 月

果重/ 200 ～ 250 克

栽培难易度/ ★★★

特征/ 甜橙的代表品种。果汁多，适用于榨汁。

栽培要点/ 5月开花，果实挂在果树上越冬，次年的6 ～ 7月采收，因此，温暖地区是最理想的栽培地。

脐橙

采收期/ 1 ～ 2 月

果重/ 220 ～ 300 克

栽培难易度/ ★★

特征/ 果实顶部鼓起，像肚脐一样，因此被称为脐橙。几乎没有籽，甜味和酸味的比例绝妙。坐果好的品种有森田脐橙和清家脐橙，大果品种有白柳脐橙。

栽培要点/ 为防止裂果，要在果实偏平时摘果。夏季需浇水。

血橙

采收期/ 2 ～ 3 月

果重/ 170 ～ 200 克

栽培难易度/ ★★★

特征/ 原产意大利，果肉红色，代表品种有塔罗科。果皮不易剥离，需要使用刀具。籽少，囊壁薄。

栽培要点/ 耐寒性弱，适合在温暖地区栽培。树势略强。抗风能力弱，冬季叶片易掉落。冬季和3月之后的高温季节，容易落果。抗溃疡病的能力较弱。

桶柑

采收期 / 2月中旬至3月下旬

果重 / 200克

栽培难易度 / ★★★

交配品种 / 橘类 × 甜橙

特征 / 在原产地中国，以前将其装在桶里随街叫卖，因此被称为桶柑。鲜美多汁，酸味弱，具有到醇厚的甜味。果皮易剥，囊壁薄，适合直接食用。

栽培要点 / 耐寒性弱，适合气候温暖的地区（最低温度−3℃）。树枝较多，需要通过剪枝增加光照。为了保证每年结果，注意适时疏果，防止结果过多。主要品种有桶柑垂水1号等。

清见

采收期 / 3月上旬至4月上旬

果重 / 200克

栽培难易度 / ★★★

交配品种 / 宫川早生 × 特罗维塔甜橙

特征 / 日本最早培育出的柑类（橘类与橙类杂交而成的品种称为柑类）。果实柔软，鲜美多汁，含糖量高，果皮带有与橙相似的清香味，但不好剥皮。

栽培要点 / 到了结果期，树枝容易下垂。自身没有花粉，因此，果实一般没有籽。但如果接受到其他品种的花粉，会出现少量的籽。果实挂在树上越冬，因此，需要给果实套袋。

不知火

采收期 / 2 月中旬至 3 月上旬

果重 / 230 克

栽培难易度 / ★★★

交配品种 / 清见 × 椪柑中野 3 号

特征 / 最明显的外观特征是果实顶端凸出。日本登录商标为"凸顶柑"。但是，只有达到含糖量大于 13 度，柠檬酸含量超过 1% 等标准，并且通过农协（与日园联签订契约的农协）上市才能使用该商标。该品种鲜美多汁、清爽可口、果皮易剥、几乎没有籽。

栽培要点 / 树势较弱。树枝上有刺，但进入树势成长平稳期，刺会消失。如果遇到干旱，脱酸会延迟，因此需要浇水。容易产生隔年结果，要注意及时疏果。

天草

采收期 / 12 月下旬至翌年 1 月上旬

果重 / 200 克

栽培难易度 / ★★

交配品种 / 津之香 × 佩奇

特征 / 鲜美多汁，果肉较软，口感黏稠。香味与橙相似。果皮光滑且外观好看，因此，经常作为礼品使用。几乎没有籽。果皮不易剥离，需要使用水果刀。

栽培要点 / 如果是露地栽培，应该选择气候温暖的地区。还需要排水好，并且有一定保水效果的肥沃土壤。易坐果，一般不会出现隔年结果的现象，栽培较简单。抗溃疡病的能力较弱。

津之香

采收期 / 3 月下旬至 4 月中旬

果重 / 160 克

栽培难易度 / ★★

交配品种 / 清见 × 兴津早生

特征 / 具有橙的香味，因此，名称中带有"香"字。果皮薄且容易剥。无籽。

栽培要点 / 露地栽培应要选择冬季气温温暖的地区。坐果好，需要调节坐果数量。储藏时不宜出现腐烂现象。

世纪红

采收期 / 12 月下旬至翌年 1 月下旬

果重 / 150 克

栽培难易度 / ★★

交配品种 / No.9* × 恩科橘

特征 / 容易脱酸，口感甘甜浓厚。具有与恩科橘相似的香味。囊壁薄，食用方便。

栽培要点 / 易出现隔年结果，因此需要适度疏果。抗疮痂病能力强，抗溃疡病能力较弱。树枝刺多。

晴姬

采收期 / 12 月上旬至下旬

果重 / 180 克

栽培难易度 / ★★

交配品种 / E-647** × 富川早生

特征 / 糖度仅 10 度。果皮和果肉具有橙的风味。果肉松软，果皮略厚，但可以用手直接剥皮。

栽培要点 / 年内采收，因此，可在相对较冷的地区栽培。适合在秋季降水量少且排水性能好的土壤条件下栽培。抗溃疡病能力较弱。

32 　*No.9 的交配品种是林温州 × 福原橙。
　　**E-647 的交配品种是清见 × 奥赛奥拉橘柚。

濑户香

采收期 / 2月上旬至3月上旬

果重 / 250克

栽培难易度 / ★★★

交配品种 / No.2* × 默科特（茂谷柑）

特征 / 果皮薄，鲜美多汁。含糖量可达13度，味道浓厚。较易剥皮，囊壁又薄又软。无籽，食用方便。因味道好，果皮光滑且外观好看，受到大家的喜爱。

栽培要点 / 为了防止隔年结果，培养体积大的果实，需要进行疏果。果皮薄，易被烈日灼伤，因此疏果时优先摘除暴露在阳光下的果实。刺多，发现后立即剪掉。

春见

采收期 / 1月上旬至2月上旬

果重 / 190克

栽培难易度 / ★★★

交配品种 / 清见 × 椪柑（F-2432）

特征 / 外观和清香与椪柑相似。果肉比较柔软，不易产生浮皮现象。含糖量可达12度，甜味重。易剥皮，囊壁又薄又软。无籽，食用方便。

栽培要点 / 树势中等。比较耐寒。易坐果，但又容易产生隔年结果的现象，因此，要进行适当疏果。夏季需要多浇水。抗溃疡病能力弱。

---

*No.2的交配品种是清见 × 恩科橘。

丽红

采收期 / 1月中旬至下旬

果重 / 210克

栽培难易度 / ★★★

交配品种 / No.5* × 默科特（茂谷柑）

特征 / 果皮带有浅红色，光滑且有光泽，非常好看。具有橙和恩科橘混合在一起的香味。

栽培要点 / 耐寒性较强，严寒时才迎来成熟期，因此，果实易被冻伤。果实无籽，但若接受到其他品种的花粉，即可长籽。

有明

采收期 / 12月中旬至下旬

果重 / 170 ～ 200克

栽培难易度 / ★★

交配品种 / 清家脐橙 × 克里迈丁红橘

特征 / 果肉柔软且果汁多。含糖量高，有适当酸味。比脐橙容易剥皮。几乎无籽。

栽培要点 / 喜温暖气候，适合在光照充足、土壤排水能力较好的环境中栽培。耐寒性弱，寒冷地区应采用盆栽或温室栽培。

多摩见

采收期 / 1月中旬至2月上旬

果重 / 150克

栽培难易度 / ★★★

交配品种 / 清见 × 威尔金

特征 / 具有和橙一样的浓郁香味。果肉柔软、鲜美多汁。富含 β-胡萝卜素（抗癌）。

栽培要点 / 适合保水性能较好的土壤。糖度高，果实略小，为防止隔年结果，需适当疏果。抗疮痂病、溃疡病能力强。

*No.5的交配品种是清见 × 恩科橘。

文旦

采收期/ 12月中旬至2月下旬

果重/ 500 ～ 2 000克

栽培难易度/ ★★★

特征/ 别名团圆果。柑橘中果实较大的一类。具有独特的香味，风味清爽。果汁少，果皮极厚，剥皮需用刀具。果皮用砂糖煮可以用于制作糖果。主要品种有土佐文旦、水晶文旦、本田文旦等。近期用八朔柑与平户文旦交配，产生了五月柚和黄柚。

栽培要点/ 耐寒性弱（最低温度-3℃）。果树自己也能结果，但是附近栽培一些授粉树（如夏橘等），可以增加结果数量。寒冷地区在12月采收后需要储藏脱酸，等到下一年3月适当脱酸后再食用。

河内晚柑

收获时期/ 2月下旬至4月下旬

果重/ 400 ～ 500克

栽培难易度/ ★★

特征/ 原产于日本熊本县河内町（现在的熊本市）。采收后，在室内储藏进行脱酸，根据储藏时间的长短，脱酸的程度有差别。4 ～ 5月时，果汁多，甜味、酸味较强。6 ～ 7月时，果汁减少，口感清爽。果皮厚。

栽培要点/5月开花结果到下一年的春天，大约12个月果实都挂在树上。因此，如果露地栽培，只能在无霜且气候温暖的地区栽培。

晚白柚

采收期 / 12月上旬至2月下旬

果重 / 1 500 ~ 2 500 克

栽培难易度 / ★★

特征 / 在柑橘中果实最大。美味多汁，有清香味。果皮极厚，可用于制作糖渍品。适合长期储藏。

栽培要点 / 若只栽种一棵树，易出现坐果量减少的现象，周围放置一些授粉树，可缓解此现象的发生。果实个头大，需要进行适当疏果。

安政柑

采收期 / 12月中旬至2月下旬

果重 / 500 ~ 900 克

栽培难易度 / ★★

特征 / 果实大，甚至可以超过1 000克。果肉甜味重，酸味弱。具有独特微苦味，口感爽快。

栽培要点 / 在寒冷地区12月采收，储藏到翌年3月，等到适当的脱酸之后再食用。

狮子柚

采收期 / 12月上旬

果重 / 800 克

栽培难易度 / ★

特征 / 还被称作"鬼柚"。果实呈现极度扭曲的形状，没日本柚子的浓烈香味。除调味料、果酱和糖渍品之外还可作为日本正月的装饰品。

栽培要点 / 与文旦的栽培方法相同。过度剪枝会影响开花，因此，剪枝时保证树枝间适当的距离即可。也适合盆栽。

葡萄柚

采收期 / 2月下旬至5月下旬

果重 / 250 ~ 500克

栽培难易度 / ★★★

特征 / 原产于西印度群岛。和葡萄一样在一根枝上结许多果实，因此取名葡萄柚。果皮为黄色，果肉有黄色和红色等不同颜色。具有清香味，味道是爽快的酸味与苦味的结合。主要的品种有邓肯、奥罗布朗科、马叙、星路比等。

栽培要点 / 耐寒性稍弱，适合在气候温暖的地区栽培。在有霜降的地区需要盆栽，以便在冬季可以移动到室内避寒。适合在光照充足，土壤排水好且肥沃的环境栽培。

正甜橘柚

采收期 / 1月上旬至2月下旬

果重 / 200 ~ 250克

栽培难易度 / ★★

交配品种 / 上田温州 × 八朔柑

特征 / 果皮表面凹凸不平、稍带绿色，外观不是太美观，但美味超群。果肉略硬，但鲜美多汁。酸味弱，甜味适中。果皮厚，可以用水果刀切成梳子形状食用。

栽培要点 / 耐寒性、抗病性强，栽培相对简单。坐果好，但稍有隔年结果倾向。脱酸早，但着色慢，因此，即使到了可以食用的季节，果皮上还留有绿色。

枸橼

采收期 / 12月下旬至 3 月下旬

果重 / 100 ~ 5 000 克

栽培难易度 / ★★

特征 / 原产于印度东北部。很早在欧洲就有栽培，在意大利被称为 "Cidoro"。果实成卵形、果皮厚、有香味。根据品种的不同，果实大小千差万别。市场上销售的主要是酸果枸橼，果肉带有很重的酸味和苦味。果肉用于制作糖渍品和饮料，果皮和叶片用于提取香油。枸橼酸由枸橼而得名。

栽培要点 / 耐寒性弱，因此在寒冷地区需要用盆栽或温室栽培，以方便在室内进行管理。

佛手柑

采收期 / 12月上旬至 3 月下旬

果重 /200 克

栽培难易度 / ★★

特征 / 原产于印度东北部。果实貌似佛手，因此取名佛手柑。果肉极少，酸味极强，不适合直接食用。主要用于观赏，还可用于制作糖渍品等。

栽培要点 / 耐寒性弱，在室外难以越冬，因此，用盆栽的方式栽培，以便冬季移到室内进行管理。抗旱性弱，需要适时浇水。注意预防介壳虫、溃疡病。

金橘

采收期/12月上旬至3月上旬

果重/10～30克

栽培难易度/★★

特征/原产于中国。果皮微微发甜，果肉酸味强烈。带皮直接食用或用于制作糖渍品等。品种很多，果实较大的品种有长寿金橘（又叫月月橘）、少籽的品种有圆金柑、市场上销售最多的品种宁波金橘等。

栽培要点/耐寒性强，在日本东北地区比较温暖的地带也能栽培。果实怕霜。树高1～2米，不是太高，可以采用盆栽的方式。

枳橘

采收期/11月上旬至12月下旬

果重/30～40克

栽培难易度/★

特征/果实小、酸味和苦味强，因此，不适合食用。树枝上长有尖锐的刺，可以当做篱笆使用。一片叶分裂为3片小叶，因此，和其他柑橘相比具有与众不同的外观。主要品种有比较矮小的飞龙和云龙。

栽培要点/柑橘中唯一的落叶果树，耐寒性强。籽较多，发芽率高，相对属于矮小树木，并且与其他柑橘嫁接的亲和力强，因此，作为砧木具有很高的利用价值。

夏橙

采收期/4月中旬至5月下旬

果重/400 ～ 500克

栽培难易度/★★

特征/果实12月开始着色，但酸味强，此时不进行采收，让果实挂在树上越冬，到初夏时再采收，因此，称为夏橘，别名夏代代。品种有川野夏代代（甘夏）、新甘夏、红甘夏等。果肉不细腻，带有苦味且酸味强。一般不直接食用，多用于制作饼干等。果皮厚，不易剥皮。

栽培要点/耐寒性略弱（最低温度-5℃）。树势强，树高可达3 ～ 6米。抵抗溃疡病的能力弱，抵抗其他病虫害能力强。

八朔柑

采收期/12月中旬至2月下旬

果重/400克

栽培难易度/★★

特征/发现于日本广岛县。被认为是文旦自然杂交形成的品种。果汁少，但是甜度与酸度的比例适中，风味极佳。带有微弱的苦味，果皮厚，不易剥皮。适合长期保存。如果只栽种一棵树，坐果量有减少的倾向，因此，在周围定植夏橘等作为授粉树，可以消除此现象。主要品种有，含糖量高的浓间红八朔，还有抗细菌病能力强的八朔55号等。

栽培要点/树势极强，坐果好，栽培相对简单。寒冷地区在12月至翌年1月采收，然后储藏到适度脱酸后再食用。

伊予柑

采收期/1月上旬至2月下旬
果重/250克
栽培难易度/★★

特征/发现于日本山口县，在以前被称为伊予国的爱媛县广泛种植。果肉柔软，鲜美多汁。1～2月间采收，储藏至3～4月进行脱酸。

栽培要点/耐寒性弱，适合在气候温暖的地区栽培。坐果好，但树势稍弱。主要品种有宫内伊予柑、胜山伊予柑等早熟品种。如果是在寒冷地区栽培，在12月至翌年1月采收，然后储藏到适度脱酸后再食用。

日向夏

采收期/4月中旬至5月下旬
果重/200～300克
栽培难易度/★★

特征/别名新夏橙、小夏。在日本江户时代的日向国（现在的宫崎县）发现。果肉柔软、鲜美多汁。果皮内部的白色部分微甜，因此，将果皮表面一层用水果刀削掉，留下的白色部分也可以食用。

栽培要点/耐寒性稍弱，但抗病虫害能力强，栽培简单。只定植一棵果树时坐果量有减少的倾向，因此，在周围定植夏橘等作为授粉树，可以消除此现象。因为采收期晚，容易出现隔年结果的现象，所以需要适当疏果。

黄金柑

采收期 / 2月下旬至4月中旬

果重 / 70 ～ 100克

栽培难易度 / ★★

特征 / 又被称为黄金橙。果实大小与高尔夫球差不多，颜色与柠檬的颜色相同。果肉甜、多汁，具有清爽的酸味和清香味。果皮略硬，但是能用手剥皮。

栽培要点 / 适合在光照充足的条件下生长，喜排水良好的土壤。抗疮痂病、溃疡病能力强，栽培简单，但坐果过多，容易形成隔年结果。在周围栽培些其他品种作为授粉树，可以提高坐果量。

春香

采收期 / 2月上旬至下旬

果重 / 200克

栽培难易度 / ★★

交配品种 / 向日夏自然杂交

特征 / 树高可达2 ～ 3米。外观给人的感觉和果实实际的味道形成较大反差。酸味弱，具有上乘的甜味，回味清爽。鲜美多汁、清脆，较化渣。果皮内部白色部分微甜，因此白色部分也可以食用。

栽培要点 / 耐寒性略弱，适合在气候温暖的地区栽培。适宜光照充足、避风的环境，喜排水性良好的土壤。在初春剪枝，剪枝的目标是能够让阳光照射果树整体。

日本柚子

采收期 / 10月上旬至12月下旬

果重 / 100 ～ 150克

栽培难易度 / ★★

特征 / 原产地是中国。果实很小，不同于中国人所称的柚子。果汁有强烈的酸味，一般用于制作调料或增加菜品的风味。树枝上长有许多大刺。

栽培要点 / 耐寒性强（最低温度−7℃），在日本东北某些地区也可露地栽培。

酸橘

采收期 / 8月中旬至10月中旬

果重 / 30 ～ 40克

栽培难易度 / ★

特征 / 日本德岛县特产。果皮和果汁可用于食物提香。具有清爽的香味与酸味。未成熟的绿色果实风味更佳。

栽培要点 / 耐寒性强，庭院栽培与盆栽均可。坐果好，一般不会出现隔年结果的现象。11月果实熟透，果皮变成黄色，需要在11月之前采收未成熟的果实。

臭橙

采收期 / 9月上旬至10月下旬
果重 / 100 ~ 150克
栽培难易度 / ★★
特征 / 日本大分县特产。果汁可以作为醋的替代品使用，果皮也用于烹饪菜肴。成熟后果实变成黄色，但未成熟绿色果实的香味和酸味更强。
栽培要点 / 能承受的最低温度是-6℃，坐果能力强，但是易出现隔年坐果的现象。

花柚

采收期 / 12月上旬至下旬
果重 / 40 ~ 60克
栽培难易度 / ★
特征 / 果实和花都有香味，因此，取名为花柚。作为日本柚子的替代品用于汤品调味。果树结果早，因此还被称为一岁柚。
栽培要点 / 耐寒性较强，栽培简单。易坐果，不易产生隔年坐果的现象。可露地栽培，树高1.5 ~ 2米，也适合盆栽。

台湾香檬

采收期/10月上旬至12月下旬
果重/25 ~ 60克
栽培难易度/★

特征/在日本冲绳和中国台湾一带自生的品种，也被称为扁平橘。果实小，籽多，酸味强，口感清爽。多用于加工果汁等。

栽培要点/耐寒性相对较弱，适合在气候温暖的地区栽培。坐果好，产量稳定。

代代酸橙

采收期/10月上旬至12月下旬
果重/180 ~ 250克
栽培难易度/★

特征/果汁具有香味，酸味强，因此，可作为醋的替代品使用。果皮可用于橘子酱等加工品当中。

栽培要点/耐寒性强，栽培简单。适合在光照充足、土壤排水良好且肥沃的环境下栽培。

柠檬

采收期 / 10月上旬至12月下旬
果重 / 150克
栽培难易度 / ★★
特征 / 果汁具有清爽的酸味和清香味，用于饮料、烹饪、甜点等。含有丰富的维生素C。树枝上刺较多。主要的品种有里斯本、尤力克等。
栽培要点 / 适合在气候温暖的地区栽培。一年多次开花结果，在5月、7月、9月和10月都会开花结果。在不能躲避强风的地区栽培容易出现溃疡病。

里斯本

尤力克

北京柠檬

酸橙

采收期 / 10月上旬至12月中旬
果重 / 50 ~ 130克
栽培难易度 / ★★
特征 / 酸味比柠檬柔和，用于烹饪，果汁可以加入汽水和酒中混合饮用。
栽培要点 / 主要品种有大溪地酸橙（果实大、无籽），墨西哥酸橙（果实小）。与柠檬一样一年多次开花结果。

第3章

柑橘 12 月栽培管理

柑橘12月栽培管理月历

虽然柑橘的种类和品种繁多，但生长周期有许多共通部分，比较好归纳。还有，庭院栽培与盆栽的大部分管理工作相同，只是个别部分有所差别。

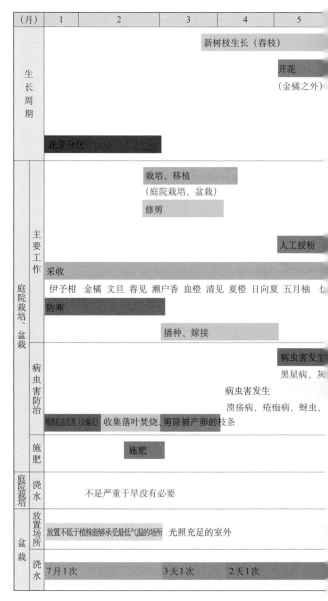

(月)	1	2	3	4	5
生长周期			新树枝生长（春枝）		
				开花（金橘之外）	
	花芽分化				
庭院栽培、盆栽 — 主要工作		栽培、移植（庭院栽培、盆栽）			
		修剪			
				人工授粉	
	采收 伊予柑 金橘 文旦 春见 濑户香 血橙 清见 夏橙 日向夏 五月柚				
	防寒				
		播种、嫁接			
病虫害防治				病虫害发生 黑星病、灰	
			病虫害发生 溃疡病、疮痂病、蚜虫		
	喷洒机油乳剂(介壳灵) 收集落叶焚烧、剪除被产卵的枝条				
施肥		施肥			
庭院栽培 — 浇水	不是严重干旱没有必要				
盆栽 — 放置场所	放置不低于植株能够承受最低气温的场所		光照充足的室外		
盆栽 — 浇水	7月1次		3天1次	2天1次	

	7		8	9	10	11	12
树枝生长（夏枝）			新树枝生长（秋枝）				
开花				开花			
（金橘、柠檬等）				（柠檬等）			
膨大							
					着色、成熟		
				栽培、移植			
				（只能是盆栽）			
季剪枝							
剪掉夏枝）				（剪掉秋枝）			
	疏果						
臭橙　超早熟温州蜜柑			早熟温州蜜柑　中熟温州蜜柑　柠檬　晚熟温州蜜柑　柚				
			预防台风			防寒	
马、介壳虫			天牛				
				病虫害发生			
替叶蛾			柑橘叶螨、柑橘锈螨	蚜虫、柑橘叶螨、柑橘锈螨			
油乳剂							喷洒机油乳剂
				施肥		施肥	
				（除温州蜜柑等）			
	10日间		无降雨时浇灌充足		不是严重干旱没有必要		
	每天				2天1次	3天1次	5天1次

49

4月

● 迎来采收期的夏橘

● 春枝的萌芽

夏橘（夏代代）有川野夏代代（甘夏）、新干夏、红甘夏等品种。

柠檬的春枝。靠近顶端出现紫红色的是春枝，后面是紫色的花蕾。春枝是最重要的树枝。

树枝开始萌芽，春枝开始生长，4月是柑橘一年生长的开始。到了中旬，可以明显地看到花蕾。这时期的枝叶比较嫩，要注意病虫害的发生。

采收（68页）

4月是夏橘、清见、津之香等的采收时节。这些柑橘在前年的12月就已经完全着色，但那时酸味重，所以挂在树上直到4月脱酸为止。脱酸后就是采收期，因此在本月需要通过品尝是否脱酸，来确定具体采收时间。在寒冷的地区，在室外越冬可能会冻伤果实，因此也可以在年内采摘，在室内储藏至脱酸（66页）。采收结束后立即剪枝。

定植（庭院栽培14页、盆栽18页）

如果寒冷地区或者是3月忘记定植，务必在4月上旬完成定植。萌芽后定植可能会给植株带来损伤。

盆栽的移植（84页）

盆栽的移植与定植相同，需要在上旬完成。

修剪（86页）

修剪要在春枝萌芽前完成。

播种（106页）、嫁接（109页）

本月是播种和嫁接的最佳时期。

病虫害防治（94页）

如果枝叶与果实感染上疮痂病，会形成疙瘩或结痂。每年在多发时喷洒预防用的杀菌剂。

此外，这时期的枝叶较软，容易受到蚜虫与蓟马等害虫的为害。因此，需要观察叶片背面，如果发现，立即捕杀或用水冲洗。但如果害虫发生量大，就需要喷洒杀虫剂。

● **蚜虫**

刚刚长出来的嫩叶容易遭受侵害。要特别注意观察叶片背面，一旦发现，立即捕杀。

● **疮痂病**

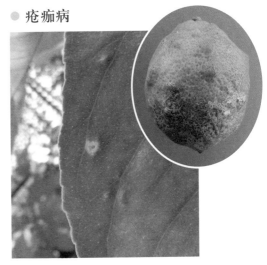

受到疮痂病感染的叶片和果实。4～5月降雨多时容易感染疮痂病，可以在4月中旬喷洒药剂预防。

5月

除了金橘之外，几乎所有的柑橘都在本月开花。花的清香迎面扑来，蜜蜂等昆虫也都前来采蜜。

● 迎来采收期的日向夏

具有酸甜、清爽的口感，也被叫做新夏橙、小夏、土佐小夏等。

● 开花

开花的柚（上）与柠檬（下）。种类不同，花的颜色和形状也不同。柚的花是白色，柠檬的花是紫色。

采收（68页）

5月是日向夏、南津海、五月柚等的采收期。与1～4月为采收期的柑橘一样，脱酸后就可以采收。在寒冷的地区，年内采摘，在室内储藏至脱酸。采收后应立即剪枝。

除草

如果任由杂草丛生，那么栽培环境的通气性就会恶化，从而增加发病的概率，肥料的养分也会被杂草夺走，所以需要经常除草。

然而，杂草被限制一定高度对地面有保温、保湿的效果。因此，在树底下种植牧草的方法近年来很受关注（生草栽培）。

人工授粉（54页）

柑橘基本上不需要授粉树，通过风和昆虫等很容易授粉，一般也不需要人工授粉。但是，如果每年都出现坐果不好的现象，或者周围环境限制了昆虫和风授粉，这时就需要进行人工授粉。

病虫害防治（94页）

如果开花后花瓣没有掉落就枯萎，会产生霉菌，接触到果实，就会触发灰霉病。谨慎地打落花瓣或是用除菌剂处理都很有效果。本月还有蚜虫会继续出现，所以按照4月的标准继续防治。咬食叶片的凤蝶幼虫，发现后可以用一次性筷子夹掉。

如果这个月使用杀虫剂，就不能招来蜜蜂等昆虫，授粉会受到影响，进而影响坐果量。因此，在本月尽量不要使用杀虫剂。

● 凤蝶的低龄幼虫

该虫食欲旺盛，最好在照片中的幼虫（低龄幼虫）阶段处理掉。

● 灰霉病

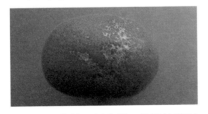

感染灰霉病的温州蜜柑。花瓣枯萎时接触到果实就会发生。

● 蜜蜂授粉

用尽全力吸食柠檬花粉的蜜蜂。这些昆虫可以帮助柑橘授粉。

● 坐果不好需要人工授粉

人工授粉就是通过人工来给植物授粉。柑橘是既有雌蕊又有雄蕊的两性花，并且雌蕊和雄蕊在遗传方面具有很强的亲和力（也有例外），因此即使没有人工授粉，也可以通过风和蜜蜂等昆虫授粉。也就是说，在柑橘的栽培过程中，人工授粉不是必需的工作。但是，遇到雨天和强风等天气条件或者栽培场所昆虫难以到达，都会出现授粉不好，坐果量减少的情况。

如果每年都出现坐果不好的情况，可以通过人工授粉来改善。人工授粉的方法，就是在晴天，用干燥的毛笔，让雌蕊与雄蕊相互接触。如果授粉前后花被弄湿，会影响受精，因此要选择晴天进行人工授粉，并且浇水时注意不要浇到花上。

另外，没有种子也能结果的温州蜜柑和清见等不需要人工授粉。

人工授粉的场景。特别是八朔、日向夏、文旦、晚白柚等，自身花粉不能有效地受精，有时会出现坐果不好的情况。因此，在附近定植其他种类的柑橘树作为授粉树，进行人工授粉后效果较好。清见、温州蜜柑以及杂交柑橘的一部分，它们的花粉败育，不能作为授粉树。

柠檬的花。柑橘是两性花，一朵花中既有雌蕊，又有雄蕊。

完全花与不完全花

　　柑橘是两性花，花瓣4～5片，雄蕊20～40根，中心处有1根雌蕊。但是，仔细观察会发现，有些花雌蕊顶端长有黄色球形柱头，有些没有柱头。

　　有柱头的花称为完全花，可以正常授粉、受精、结果。没有柱头的花称为不完全花，不能授粉、受精，也不能结果。冻伤的枝或是营养不良的枝上开的花，大多是不完全花。因此，可以通过不完全花的数量判断果树的生长状态。

柱头

完全花　　不完全花

因为不完全花的雌蕊柱头退化，所以不能结果。

四季开花的柑橘

　　柑橘在5月开花（金橘是7月），但柠檬、酸橙、四季橘等还可以在7月和9～10月开花。柑橘的这种性质被称为四季开花性。其中，柠檬的四季开花性最强，只要环境好，全部的花都会结果，除了11月可以采收（5月开花）之外，4月（7月开花）、7月（9～10月开花）均能采收。

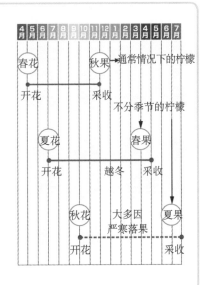

55

6月

枝叶与果实之间会争夺养分，因此，不是所有的果实都能成长，一半以上会在6月掉落。这个现象称为6月落果（生理落果）。

● 从开花到结果（柠檬）

①5月13日。盛开的花。

②6月3日。结果初期的果实，结果还未稳定。

③6月23日膨大的果实。已经出现落果，再过些日子结果才会稳定。

采收（68页）

晚熟的柑橘也所剩无几，但黄柚等可以脱酸后再采摘。采收完成后立即剪枝。

除草

与5月一样，继续除草。要在杂草开花长出种子之前除草，之后的除草就会轻松许多。

施肥（102页）

伴随着果实的膨大，对肥料的需求也会增加。2月施的肥已经用尽，需要追肥。追肥的量与方法请参照100页。

病虫害防治（94页）

　　进入梅雨季节，需要注意黑星病。病原菌属于丝状菌，在潮湿的环境下容易蔓延。盆栽要移至避雨场所。庭院栽培在6月上旬喷洒杀菌剂可以抑制生长。

　　蚜虫、蓟马、凤蝶等虫害也会相继发生，发现后应立即捕杀。从6月开始，还会出现星天牛等天牛类害虫。这类害虫的幼虫会在树干上钻洞，引起树木的枯萎，影响非常严重。要经常观察树上有没有小洞，在幼虫还在洞里时用针刺杀或使用杀虫剂毒杀。

　　此外，还会出现矢尖蚧、柑橘叶螨、柑橘锈螨等。将机油乳剂稀释100～200倍液后进行喷洒，机油乳剂会粘在害虫的表面，使其无法呼吸，这样即可将害虫一网打尽。

● 介壳虫

矢尖蚧的雌成虫。在果实和叶片上大量寄生，吸取汁液。

● 天牛

星天牛成虫与幼虫在树干上钻的洞。

● 黑星病、轴腐病

（A）

（B）

黑星病（A）是果实和枝叶的表面出现大量的小黑点，变得粗糙。病原菌在枯枝与落叶上越冬，可以处理枯枝与落叶来防治。轴腐病（B）的病原菌越冬场所与黑星病相同。树上被感染的果实在储藏的过程中发病。

7月

梅雨季节过去之后，气温升高，光照充足，果实膨大的同时夏枝开始生长。本月也是去年已经结果的晚熟柑橘采收的最后一个月。

● 夏枝的萌芽

从春枝和去年长出的树枝叶腋处长出夏枝的萌芽。如果夏枝不会生长过长，明年可以正常结果。但一般都会徒长，不会结果，因此在夏季剪枝时应剪掉。

● 迎来采收期的伏令夏橙

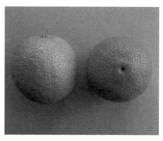

伏令夏橙与脐橙（1～2月采收）的采收期不同，伏令夏橙的果实顶部也没有脐状。

采收（68页）

晚熟柑橘的采收末期，代表种类（品种）有伏令夏橙等。去年5月开花，经过1年2个月，期间已经结果，但因为采收期晚，果皮的一部分已经又变回绿色，这种现象称为返青。采收后应立即剪枝。

除草

发现杂草立即除掉。

浇水

梅雨季节结束，气温升高。如果土壤极度干燥，果实就会掉落。因此，即使是庭院栽培，10天左右没有降雨，就应该浇水。浇水量每平方米20～30升。盆栽最好是每天都要浇水。

人工授粉 （50页）

金橘在7月开花。还有像柠檬和四季橘等四季开花性的柑橘也在本月开花。与5月相同，虽然人工授粉不是必须要实施的，但根据栽培的环境条件，有必要时实施，可以保证坐果数量。

病虫害防治 （90页）

继续注意6月发生的病虫害。梅雨结束后周围环境开始干燥，柑橘叶螨、柑橘锈螨易多发。在7月之后的高温天气喷洒机油乳剂，会损伤到果实表面，尽量避免使用。可以在晴天用水冲洗或是喷洒其他杀虫剂（除螨剂）。

柑橘潜叶蛾的防治方法参照8月的防治方法进行。

● **柑橘锈螨**

受到柑橘锈螨为害的果实。果皮表面出现灰色或茶色斑块，并且果实变硬。

● **柑橘叶螨**

受到柑橘叶螨为害的叶片。叶片有些部位发白像被摩擦过一样。肉眼可见的红色小点就是成虫。

● **金橘的花**

金橘与其他柑橘不同，在7月开花。这时，昆虫与风的条件不是很好，容易出现因不能正常授粉而坐果不良的情况。

8月

果实逐渐膨大，糖、酸、类胡萝卜素等成分与果汁一起积蓄。需要采取防高温干燥、强光照射及台风等环境变化的应对措施。

● 膨大中的果实

果实快速膨大。如果在这个月实施疏果，每年可以保证稳定的产量，并且采收到品质上乘的果实。

● 迎来采收期的酸橘

最早采收的柑橘。风味好，果实呈绿色。酸橘是日本德岛县的特产。

采收（68页）

此时是柑橘开花后3个月，果实已经长到乒乓球大小，酸橘先于其他柑橘迎来了采收期。在果实还是绿色的时候采收，此时的香味和酸味浓郁，可用于制作烹饪的香料。

除草、浇水

参照7月。

疏果（62页）

如果柑橘坐果过多，每个果实能够吸收的养分就会减少，果实的品质也会下降，并且果树也会衰弱，造成下一年产量骤减（隔年结果）。因此，坐果稳定后的7～9月需要适当的疏果。

夏季剪枝（89页）

夏枝（6～8月长出）与秋枝（8～10月长出）长出时从根部剪掉。

预防台风

在台风登陆前用支架等固定好庭院栽培的果树，如果是盆栽最好将花盆横放。

病虫害防治（94页）

7月的病虫害还会在8月继续发生，防治方法参照7月。特别要注意6月已经防除的黑星病会再次出现。

夏枝的叶片会出现柑橘潜叶蛾，并留下白色弯曲的虫道。柑橘潜叶蛾在叶片上产卵后，从幼虫变成成虫爬出叶面只需要6天的时间，因此，摘除被产卵的叶片大多都为时已晚。可以使用专用药剂，1周喷洒几次（遵守标准的使用总量）。

● **柑橘潜叶蛾**

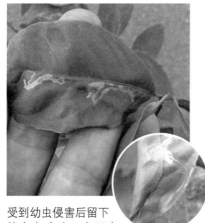

受到幼虫侵害后留下的白色痕迹。右下方放大的图片为幼虫。在夏枝和秋枝上经常看到。被侵害的叶片能进行光合作用，可以放置不管。

● **黑星病**

不只是果实，叶片也会出现黑星病。如果出现的不多，摘掉病叶即可，可防止扩散。

● **烟煤病**

感染烟煤病的叶片。蚜虫和介壳虫分泌的含有糖分的蜜露会滋生霉菌。防除这些害虫可以防止烟煤病。

● 通过疏果防止隔年结果

疏果是摘除还未长成的果实，防止树上的果量过多。如果不疏果，每个果实得到的养分就会减少，进而影响果实的大小、含糖量等。此外，供给果树的养分减少，下一年的产量也会减少。柑橘容易产生隔年结果现象（即大小年，丰收一年，无收一年），因此，疏果是非常重要的环节。

一般在7～9月进行疏果。在疏果时，可以根据叶片的数量来决定留下果实的数量。一个果实膨大、成熟所需叶片的数量叫做叶果比。根据种类和品种的不同，叶果比也有差别。本书依照果实的大小简单归纳了叶果比（见下表）。例如，橙大小的"清见"，一个果实需要80片叶，如果一颗"清见"果树有160片叶，就可以留下2个果实。如果果树很大，一片一片数比较费力，可以根据叶片的密集程度推测叶片的数量，最好将每个粗枝分开计算。

● 疏果时参考的叶片数

果实的大小	种类（品种）	叶果比
金橘大小 （20克以下/个）	金柑	8
温州蜜柑大小 （130克/个）	温州蜜柑、柠檬、臭橙	25
橙大小 （200克/个）	脐橙、伊予柑、日向夏、清见、 不知火、濑户香	80
夏橘大小 （400克以上/个）	夏橘、八朔柑、狮子柚、晚白柚、 文旦	100

资料来源：《果树园艺大百科1　柑橘》（农山渔村文化协会2000年）；
《果树园艺大百科15　常绿特产果树》（农山渔村文化协会2000年）。

● 疏果流程

❶盆栽温州蜜柑在疏果前的样子。长有15个果实。因为是小树，可以查全树的叶数，总共有100。因为叶果比是25，所以可以留下4个果实。

小果　伤果　特大果　正常果

❷应该摘除的果实。率先摘除小果、伤果、特大果，留下正常果。

❸如果发现有伤果，要最先摘除。首先观察总体情况，确认有没有带伤的果实。果梗过于粗大的果实也要摘除。

❹向上生长的果实容易长成特大果，果实个头过大，味道差，易出现浮皮现象，需要优先摘除。

❺如果果实之间距离过近，相互摩擦，可能会出现损伤。即便是正常果，如果距离过近，最好进行疏果。

❻盆栽温州蜜柑疏果后的样子。摘除了11个，留下4个果实。

9月

酷暑天气有所缓解，秋枝开始长出。早晚气温逐渐变凉，果实能够有效地积累养分，果实变得更加膨大。

● 秋枝的萌芽

春枝和夏枝的前端附近长出秋枝。秋枝在下一年不结果，并且容易被柑橘潜叶蛾为害，所以需要从根部切除。

● 迎来采收期的臭橙

大分县的特产果树。果实比酸橘大。采收期正好与秋刀鱼的上市时间重合，绿色的果实可作为香料使用。

采收（64页）

除了臭橙以外，极早熟温州蜜柑在本月中旬就可以采收。极早熟温州蜜柑脱酸早，果皮略微带点绿色也可以采收。

盆栽的定植、移植

这个时节是盆栽进行定植（18页）与移植（84页）的最佳时节。

除草、浇水

除草参照7月进行。庭院栽培中，如果是1月以后才能采收的品种，在10天内没有降雨，就需要浇水；如果是12月以前就能采收的品种，尽量少浇水，可以提高柑橘的含糖量。

● 盆栽的定植、移植

秋季进行定植或移植，有利于根部适应土壤，对之后的生长有利。但是，定植或移植后，需要放置到不会被冻伤的场所。

● 极早熟温州蜜柑与早熟温州蜜柑

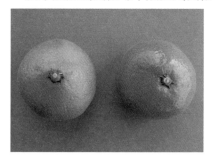

图中左边是极早熟温州蜜柑日南1号。极早熟温州蜜柑脱酸早，即使果皮还是绿色也可以食用。图中右边的柑橘是早熟温州蜜柑的宫川早生。

9月

夏季剪枝、预防台风

参照8月。

施肥（102页）

在12月以前采收的柑橘当中，温州蜜柑等含糖量高的种类，不能在本月施肥。如果施肥，会造成养分过剩，产生着色延迟和含糖量降低的负面影响。如果是柠檬、柚等不注重含糖量的柑橘，或者是1月以后才能采收的柑橘，可以在6月和9月分两次施肥，肥量减半。

病虫害防治（94页）

秋季长降雨，容易再次出现溃疡病、疮痂病。还有，上个月的夏枝和新生长的秋枝上可能会出现柑橘潜叶蛾。幼虫还在叶片上时摘除叶片或是喷洒药剂，即使被侵害的叶片也能进行光合作用，所以不用特别担心。

10月

到了深秋，早晚变凉，叶片会被露水浸湿。昼夜温差变大，果实开始着色，各种柑橘可以开始采收了。

● 迎来采收期的温州蜜柑宫川早生

早熟温州蜜柑的代表品种。糖度和酸度都非常浓厚，如果不喜欢酸味，可等到11月中旬再采收。

● 即将着色的果实

大部分柑橘的果实已经停止膨大，开始着色。在这个时期，适度保持土壤干旱，采收的果实会更加甘甜。

采收（68页）

酸橙、台湾香檬等香酸柑橘在果实绿色时可以采收。没有完成着色的柠檬和柚也可以在果实为绿色时采收使用。一般颜色比较绿的果实酸味和香味较强，储藏期较长。

此外，早熟温州蜜柑进入着色期，在本月中旬大部分完成着色后就可以采收了。

果实储藏（70页）

采收后的果实不是立即使用，而是想要存放更长时间，那么就需要储藏到温度与湿度适宜的场所。参考72页内容，选择最适合的方法进行储藏。

盆栽的定植（18页）、移植（84页）

本月与上月一样，是盆栽进行定植和移植的适期。

● 采收未着色的果实

采收柠檬。柠檬在绿色时可以采收。香味和酸味强，在烹饪时方便使用。另外还有酸橘、臭橙、花柚、台湾香檬、柚等经常在果实绿色时就采收使用。

● 蓟马

受到茶黄蓟马为害的温州蜜柑。图片中的果实是在开花期前后，花瓣边缘受到茶黄蓟马为害，因此，果梗周围留下了圆形痕迹。

10月

除草

参照5月。

病虫害防治

随着气温的下降，病虫害逐渐减少，是出现蓟马的最后时期。开花时期被害的果实会留有圆形痕迹。8～10月被害的果实会留有放射状的痕迹。

杀虫剂上都标有采收之前多少天可以使用的说明。这是为了留出药剂成分分解的时间，避免果实上有药物残留。临近采收期的柑橘施用药剂必须参照使用说明。

● 采收适期

种类或品种	采收适期	种类或品种	采收适期	种类或品种	采收适期
酸橘	8～10月	有明	12月	春香	2月
臭橙	9～10月	晚熟温州	12月	不知火	2～3月
极早熟温州蜜柑	9～10月	世纪红	12～1月	濑户香	2～3月
酸橙（秋果）	10～11月	天草	12～1月	桶柑	2～3月
台湾香檬	10～12月	八朔	12～2月*	血橙	2～3月*
早熟温州蜜柑	10～12月	文旦	12～2月*	河内晚柑	2～4月*
柠檬（秋果）	10～12月	晚白柚	12～2月*	葡萄柚	2～5月*
日本柚子	10～12月	佛手柑	12～3月	清见	3～4月
枸橘	11～12月	金橘	12～3月	津之香	3～4月
中熟温州蜜柑	11～12月	脐橙	1～2月*	夏橘	4～5月
椪柑	12月	伊予柑	1～2月*	日向夏	4～5月
花柚	12月	丽红	1月	南津海	4～5月
狮子柚	12月	正甜橘柚	1～2月	五月柚	4～6月
樱岛小橘	12月	春见	1～2月	黄柚	5～6月
晴姬	12月	多摩见	1～2月	伏令夏橙	6～7月

* 表示储藏到3～6月进行脱酸。

● 果实绿色时采收的柑橘

　　酸橘、臭橙、花柚、台湾香檬等香酸柑橘在果实停止膨大，绿色稍微变浅时可以采收。柠檬和柚等在果实绿色或黄色时都可以采收。

● 变成黄色或橙色之后才可采收的柑橘

　　温州蜜柑和椪柑等在9～12月期间果实着色，变成黄色或橙色。在着色的同时开始脱酸，因此，在着色结束后可以立即采收。

● 需要等到脱酸结束时采收的柑橘

　　此类柑橘的采收期一般在1～7月。虽然在12月之前完全着色，但酸味很浓，挂在树上需等到完全脱酸后再进行采收。在寒冷地区果实会冻伤，因此，在12月完全着色后进行采摘，在室内储藏至脱酸。

● 采收流程

❶挑选适合采收的果实。即使在同一棵树上，果实的采收期也不同。需要挑选适合采收的果实进行采收。如果采收不及时，可能出现果实干枯和浮皮现象（77页）。

❷轻拿果实，从果梗处剪断。注意剪子的前端不要碰到果实。可以使用前端是圆形的采收专用剪。

❸采摘后发现果实有伤，应尽早食用，不能放置过长时间。

❹仔细观察会发现，剪断果梗时，果梗的前端会留下尖锐的部分，如果不及时处理，包装时容易划伤其他果实。

❺用剪子剪掉剩余的果梗。这个过程称为做二次剪切。在第一次剪断果梗时不留下尖端，否则容易伤到其他果实，因此虽然麻烦，尽量剪两次较好。

❻图为二次剪切后的果实。没有残留的果梗，不会划伤其他果实。之后，可以食用，也可以储藏。如果是脱酸晚的柑橘，通过品尝来判断何时适合食用。

10
月

● 储藏流程

采收后的果实收进室内也要花上一个月左右的时间。如果需要2～4个月的时间，就按照如下的顺序进行储藏。

①确认有无伤痕

果实如果有病虫害或者剪刀等造成的机械伤痕，就会以伤痕为中心开始发霉或腐烂，经过1周左右就不能食用了。因此，带伤的果实不要储藏。

②减少果皮含水量

储藏前进行晾晒，减少果皮的含水量，可以降低在储藏过程中出现腐烂、枯水、浮皮等现象。晾晒方法就是在室内阴凉通风处铺上报纸，把果实在上面铺开（注意不要堆积），放置2～10天。晾晒出果实重量的2%～5%的水分即可。

● 晾晒

正在进行晾晒的温州蜜柑。晾晒的时间根据放置场所的温、湿度而有所不同，一般为2～10天。

● 发霉的橘子

因为采收时损伤的原因，温州蜜柑发生了绿霉病。

③装入塑料袋

果实在储藏时过于干燥，会失去果汁饱满的口感，口味也会下降。最佳的储藏湿度为85% ~ 90%，想在家中实现这个湿度，就需要放到塑料袋里。如果在一个大塑料袋里装入多个果实，蒸发出来的水分会弄湿果实，容易造成果实腐烂。因此，需要每隔一段时间用毛巾擦干果实。如果把每个果实分别装入一个小塑料袋，就会省去了擦拭的步骤。

④放入冰箱

根据种类和品种的不同，最佳储藏温度也不同。家用冰箱一般没有设置多种温度的功能，因此只能通过摆放的位置进行调节（下图）。如果高于果实喜好的温度，果实就会腐烂。温度过低，果皮表现会变黑。

● **装进塑料袋保湿**

（上）单个装的果实。虽然麻烦，但是能达到最理想的湿度。
（下）多个果实装入一个大塑料袋。需要定期擦拭果实。

● **冰箱储藏位置对应的温度**

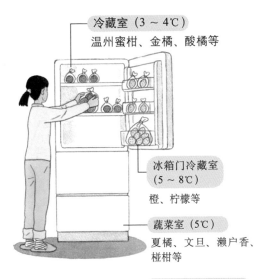

冷藏室（3 ~ 4℃）
温州蜜柑、金橘、酸橘等

冰箱门冷藏室（5 ~ 8℃）
橙、柠檬等

蔬菜室（5℃）
夏橘、文旦、濑户香、椪柑等

室内阴凉处（10℃）
桶柑等

*实际温度根据厂家的不同和设定的温度不同而有所差别。

这时北方开始降下初雪，马上就要进入真正的柑橘采收期了。对于耐寒性弱的柑橘来说，防寒要比采收更加重要。

收获（68页）

　　早熟温州蜜柑迎来最旺盛的采收期，11月下旬可以提早采收中熟温州蜜柑。10月可以采收绿色果实的柠檬，本月可以采收着色后的黄色柠檬。枸橘也到了采收期，采收后可以把种子种下，之后可作为嫁接用的砧木。

● 迎来采收期的枸橘

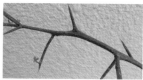

树不会长太高，与很多柑橘嫁接时都有亲和力，因此，经常用作砧木。是柑橘中唯一的落叶果树。

● 完全着色的果实

完全着色的柠檬。还有些柑橘虽然已经完全着色，但是需要1～7个月进行脱酸，所以不能采收。

果实储藏（70页）

　　参照10月。

防寒措施（74页）

　　柑橘总体上是耐寒性弱的植物，需要在气温降到果树能够承受的最低气温（26页）之前采取防寒对策。柑橘植株枯萎最大的原因就是寒冷天气导致的，因此，需要加以重视。

除草

这是年内最后一次除草。参照5月。

施肥（102页）

已经采收完成的柑橘树，为了恢复树势需施肥（感谢肥）。没有采收的柑橘树也需要追肥，因为6月（9月）施的肥料养分基本上已经用尽。施肥量参照第94页的内容。

病虫害防治（94页）

不会有新的病虫害产生，即使以前产生的也会在这个月开始减少。对临近采收期的柑橘避免喷施药剂，如果发现蚜虫与柑橘叶螨，可以用水冲洗，发现介壳虫，可以用牙刷等刷掉。

● **感谢肥**

● **柑橘螨类的防除**

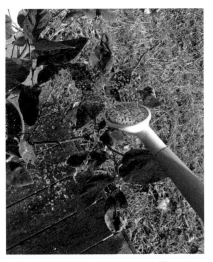

12月之后即使肥料能够溶解到土壤中，但寒冷会导致根部吸收养分困难，所以推荐使用速效性肥料。

如果在临近采收时发现柑橘叶螨与柑橘锈螨，用水冲洗效果很好（103页）。在晴天的时候冲洗不用担心植物染病。

如果居住地冬天的最低气温低于柑橘能够承受的最低温度（10页），有必要采取防寒措施。

● 庭院栽培的防寒措施

庭院栽培实施防寒措施比较困难，如果是不适宜当地气温（严寒）的柑橘，原则上采用盆栽的方式栽培。但是，柑橘的最低温度与当地的最低气温接近，或是恰好遇到了多年不遇的寒流，可以用下面图片所示的方法防寒。特别是对于种植后不到3年，耐寒性弱的小树非常有效。此外，1～7月采收的柑橘，需进行套袋处理，防止果实产生冻害。

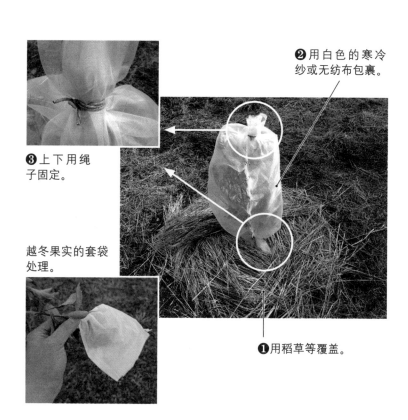

❷用白色的寒冷纱或无纺布包裹。

❸上下用绳子固定。

越冬果实的套袋处理。

❶用稻草等覆盖。

● 盆栽的防寒措施

冬季将盆栽柑橘移至光照充足的室内。如果是植物能承受的最低温度与当地最低气温接近时可以采用下一页介绍的对策，不必移到室内。

准备物品：①盆栽。②比①大两圈的花盆。③土（院子里的土也可以）。④装土盆和移植铲。⑤白色的寒冷纱或无纺布。⑥绳子。

❶将盆栽放入大两圈的花盆中，在花盆之间填土。填土的目的是为了保温，所以院子里的土也可以。

❷用白色的寒冷纱或无纺布包裹植株上部。用白布的原因是透光性好。包裹之后上下用绳子打结固定。

❸到了2月下旬寒气减退时就可以解除防寒措施。这种防寒措施可以提升2～3℃，如果当地最低气温低于柑橘能够承受的最低温度5℃以上，就需要把盆栽移到室内了。

迎来冬至，天气更加寒冷，需要采收的柑橘种类更多。本月是一年当中采收柑橘种类最多的一个月。

采收（68页）

晚熟温州蜜柑、椪柑、樱岛小橘、柚、花柚、狮子柚、世纪红、晴姬、有明等多种柑橘迎来采收期。

到本月为止几乎所有的柑橘完成着色，但也有些柑橘味道非常酸。这些柑橘的最佳采收期不是以完全着色为标准，而是以完全脱酸为标准。即使到1月以后也不能采摘，要等到脱酸后才可以采摘。

但是，在寒冷地区如果果实挂在树上越冬，可能会产生冻害。因此，寒冷地区在12月中旬采收，在室内储藏，直至脱酸。

● 迎来采收期的柚

传统的香酸柑橘在12月下旬的冬至期间被广泛使用。因为是高木果树，整形修剪非常重要。

● 冬日晴空下成熟的果实

大多数柑橘在12月下旬完全着色。完全着色的黄色果实和绿色的枝叶，在蓝色天空的映衬下显得格外美丽。

● 冻害

● 浮皮

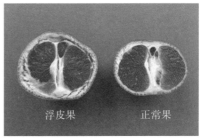

浮皮果　　　　正常果

果实变得软绵绵，果皮与果肉之间有间隙的果实称为浮皮果。果实味道下降。10 ~ 11月长时间降雨等原因使得果皮生长过剩，或者未能及时采收等情况下会发生此现象。

（上）被冻伤的柠檬。
（右中）果实干枯。
（下）被冻伤的枝叶。叶片变得薄脆，颜色变白。

果实储藏（70页）

参照10月。

防寒措施（74页）

需要注意是气温下降会产生降霜，也可能损伤枝叶。

如果降雪，需要打落树枝上的积雪，以免积雪压断树枝。盆栽需要移动到没有积雪的场所。

病虫害防治（94页）

全部的果实采收完成后，针对遭受病虫害严重的大树喷洒机油乳剂。喷洒时要对整个树进行喷洒，12月至翌年1月间进行1次即可。但临近采收时，不只是机油乳剂，其他的药剂也不能使用。

12
月

1月

气温降到全年最低，寒风凛冽，对柑橘树来说是最严峻的环境。然而，叶柄、根部的芽已经开始分化花芽，为来年的开花做准备。

采收（68页）

本月是脐橙、金橘、八朔、伊予柑、文旦、正甜橘柚、天草、多摩见、丽红等的采收期。在寒冷地区，为了防止冻伤，即使是没有完全脱酸的柑橘，也要采收，一边储藏，一边等待脱酸。如果不是太寒冷，可以用套袋的方法（76页）进行防寒。

果实储藏（70页）

参照10月。

防寒措施

防寒对策参照74页，如果降雪参照77页。

● 迎来采收期的金橘

（上）在柑橘中果实最小，果皮甜，果肉带有酸味。
（下）观赏用金橘（别名：金豆）。

● 雪景

一般来说有降霜或降雪的地区不适合采用庭院栽培的方式。但是，选择恰当种类、品种和定植的场所也可以栽培。

清除枯枝与落叶

　　黑星病与灰霉病等病原菌与柑橘叶螨等害虫在枯枝、落叶上过冬。因此，冬天要摘掉枯枝、落叶，清理枯枝落叶是降低病虫害发生的有效方法。虽然麻烦，但是建议实施。枯枝和落叶可以深埋，或按照当地有关部门的指示处理。

病虫害防治（94页）

　　介壳虫、柑橘叶螨、柑橘锈螨等害虫在枝叶或树皮的间隙等不易发现的地方越冬。在冬季防治这些害虫，可以将机油乳剂稀释30 ～ 40倍，对果树进行全面喷洒。如果在果树正要萌芽前（2月下旬以后）喷洒机油乳剂，可能会损伤枝叶，因此在12月至翌年1月进行（临近采收期的果树除外）。

● 清除枯枝与落叶

（上）清除枯枝。除掉枯枝对防除黑星病、灰霉病的病原菌有非常好的效果。
（下）清除落叶。可以清除柑橘叶螨等害虫的越冬场所。

● 机油乳剂

在园艺用品店等可以买到的家庭园艺用药剂。主要成分是机油，达到有机JAS标准。对于驱除越冬害虫非常有效。

2月

继续注意严寒天气。到了下旬，有些地区冷空气开始减退，可以进行剪枝、定植和移植等工作。

● 迎来采收期的河内晚柑

与文旦是同类，酸甜适中。2月采收，保存到4～7月脱酸后的果实非常美味。

● 叶片变黄与落叶

柑橘是常绿果树，但并不是叶片绝对不会掉落。叶片的寿命2年左右，在2月最容易掉落。但少量的落叶不会对生长造成影响。

采收（68页）

春香、春见、河内晚柑等迎来采收期。采收期在2月下旬至7月的柑橘，已经完全着色，果皮变成黄色或橙色，有一部分有返青现象。出现返青现象是由于随着气温的上升，果皮中再次合成了用于光合作用的叶绿素。

果实储藏（70页）

参照10月。

防寒措施

防寒对策参照74页。

修剪（86页）

不会造成冻伤的地区参照3月。剪枝的同时可以进行除刺（79页）。

清除枯枝与落叶

参照1月。

施肥（102页）

本月施基肥，是为了促进3～4月的萌芽，也是一年成长的开始。为了使肥效持续时间长，可以多施长效肥。一般使用有机肥。

病虫害防治（94页）

需要驱除介壳虫，但是为了防止药害，不要喷洒机油乳剂，可以用牙刷等刷掉。

● 施基肥

基肥一般使用有机肥。如果是庭院栽培，最好是将肥料浅埋，如果是盆栽就没有必要浅埋，洒在表面即可。

● 刷掉介壳虫

最好是用牙刷等刷掉介壳虫。如果在12月至翌年1月已经喷洒过机油乳剂，树上留有的只是残骸，没有必要再处理。

3月

寒气开始减退，适宜开始很多作业。其中，剪枝作为一年的结束工作对下次采收影响重大。

采收（68页）

本月是不知火、濑户香、桶柑、血橙等的采收期。

定植（庭院定植14页、盆栽18页）

根据气温，如果不会损伤苗木，就可以定植了。

盆栽的移植

盆栽定植2年后，无论怎么浇水，都会出现植株发蔫，叶片变黄的现象。此时，可以通过移植来改善。判断是否需要移植的标准参照84页。只要符合其中的一个条件，就需要移植。

● 迎来采收期的不知火

● 修剪

具有橙的清香味，又像橘子一样容易剥皮的代表性品种。在日本，品质达到一定标准，可以叫做凸顶柑。

剪去杂乱的枝叶和老枝，让果树焕发生机。寒冷地区可以从4月开始。晚熟柑橘采收后应立即开始剪枝。

修剪（86页）

寒气减退后就到了剪枝的季节。如果在4月果树萌芽后剪枝，可能会损伤到果树，因此尽量提早剪枝。此外，如果发现刺，应立即剪掉。

播种（106页）

通过嫁接的方法培育苗木时需要砧木，应在嫁接前的1～2年播种。还有，不是迫切需求结果或是观赏用的果树，也可以通过播种的方式培育。

嫁接（109页）

本月是枝接的最佳时期。

病虫害防治（94页）

如果每年溃疡病多发，可以在萌芽前喷洒预防性杀菌剂。

● **除刺**

刺有可能伤到人，还可能刺伤果实与枝叶。无论任何时候，只要发现，立即剪掉。剪掉后对果树的生长几乎没有影响。

● **溃疡病**

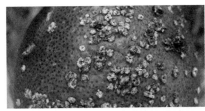

感染了溃疡病的柠檬果实（上）和叶片（下）。3月一般不会出现，但如果每年的5～10月发现与上面图片相同的情况，最好在萌芽前喷洒预防性药剂。

● **判断是否需要移植的标准**

无论符合下列哪一种情况，都有出现了盘根的可能，需要移植。

根伸长到花盆外。

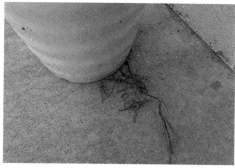

浇水后经过1分钟以上，水不往下渗。

盆栽植物根的生长空间被花盆所限制，因此，定植几年后，会堆积许多老根。这类老根吸水性减弱，因此无论怎么浇水，都会出现树木发蔫，叶片变黄的现象（这种现象又叫盘根）。

出现盘根时，通过移植，给新根创造生长的空间非常重要。移植主要有以下2种方法。

● **移植到大一圈的花盆中**

现在使用的花盆较小，如果想让果树再长大些，就可以把果树移栽到较大的花盆里。

● **在同一个花盆里移植**

不想换大花盆的情况，可以参照一下页的方法进行移栽。

● 在同一个花盆里移栽的流程

❶将盆栽横放，如果有根从花盆底部伸出需要切掉，然后把植株连根从花盆拔出。如果不好拔，可以轻敲花盆，就会容易拔一些。

❷用锯子锯断底部的根，约3厘米。如果是适合移植的时期，切断根部不会影响果树的生长。

❸与❷一样，把侧面的根（约3厘米）切去一周。切根时，切完一侧，旋转植株到合适位置继续切掉其他侧面。

❹在原先的花盆里放入3厘米厚的盆底石，再放入5～10厘米新的用土。放入植株，确认高度。如果高度合适，进行定植。

❺如果是嫁接苗，土壤埋过嫁接部位（像疙瘩一样鼓起的部位），就会出现树势过强，导致坐果不好的现象，因此，要避免定植过深。

❻浇足水后完成。用土填到离花盆边缘3厘米左右即可。留出的空间是浇水时储水用的。

3
月

　　修剪就是修剪枝叶。修剪不仅可以抑制树枝的扩散，使其体积变小，而且还能改善光照和通风，对树木的生长有益，此外，还能减少病虫害的发生。柑橘树对修剪要求不高，就算有些小失误，也不会枯萎。所以你可以放心尝试。

　　修剪最佳时期是枝叶生长缓慢且受冷空气影响小的2月下旬至3月下旬。寒冷地区在4月（萌芽前）修剪即可。但是，采收期在4～7月的晚熟柑橘，2~3月果实还挂在树上，所以需要等到采收后才能修剪。

　　无论是庭院栽培还是盆栽，也不分柑橘品种，修剪方法均可用第一步至第三步的方法。如果无从下手，那就按照顺序从第一步开始吧。

● 修剪的3个步骤

● 前后的变化（盆栽柠檬）

第一步	防止树枝的扩散	减小果树体积。如果分枝很粗，可以用锯锯掉（89页）。		
第二步	疏剪不需要的树枝	改善光照和通风，将不需要的枝条从根部剪掉，要剪干净（90页）。		
第三步	剪短长枝条	挑选长的树枝，剪掉1/3。留下短的树枝。（92页）。		

第一步：防止树枝的扩散

限制树的高度与胸径，进行小体积栽培时，确定树的大致形状后，实施修剪。粗的树枝可以用锯锯掉。用22页的变则主干形，可以在第4年以后进行，这个整形方法可以阻止主干的生长。

限制树高时，如果和第三步一样从长枝的中间剪掉，下一年伸长会更长，因此需要按照右图的方法从分枝根部剪掉。此外，从分枝根部剪掉时必须要剪干净，不要有残留部分（右图）。如果有残留部分，残留部分会干枯，并且会引起下面的部位干枯。

还应该注意修剪的程度。如果一次（1年）的修剪把树高降的太多，下一年就会在切口附近长出许多又长又粗的树枝，并且会影响之后几年的坐果量。因此，每年的剪短量应限制在50厘米左右，分2～3年逐渐剪短。

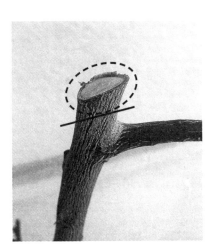

不要有残留部分。

● **修剪位置**

从分枝部位剪掉。

● **分2～3次剪短**

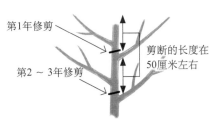

第1年修剪

第2～3年修剪

剪断的长度在50厘米左右

不要一次性修剪太多，有计划的分2～3次进行。

第二步：疏剪不需要的树枝

经过第一步后，需要疏剪不需要的树枝。但如果剪枝过量，不仅当年的坐果量会减少，还会因为剪枝过量而引起反弹（即当年会长出又长又粗的枝条），影响之后几年的坐果量。完成3个步骤后，减少全体树枝量的1～3成最为理想。

此外，在进行第二步时，应优先疏剪掉有结果痕迹的树枝（即本期结过果的枝）。

如果能辨别出夏枝和秋枝（下一页），可与本期结过果的枝一同优先疏剪掉。需要注意春枝当中本期未结果的树枝非常容易结果，因此需要优先留下。

● **修剪位置**

疏剪到叶片之间能够轻轻接触的程度最佳。

● **不需要的树枝实例**

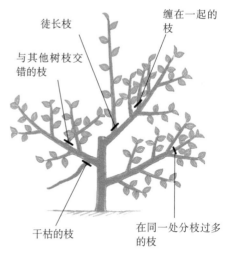

徒长枝

缠在一起的枝

与其他树枝交错的枝

干枯的枝

在同一处分枝过多的枝

以上的树枝优先疏剪。但是，在大部分枝叶都有以上情况或树枝总量少的情况下可以不剪掉。

春枝、夏枝、秋枝的特征与夏季修剪

　　柑橘的枝可以分为3～6月伸长的春枝，6～8月伸长的夏枝、8～10月伸长的秋枝。春枝在当年能够结果，即使没有结果，下一年也会开花结果，因此春枝非常珍贵。相反，夏枝容易长成徒长枝，即使到了下一年春天也几乎不开花结果。秋枝生长不好，几乎不开花。夏枝和秋枝都是"不需要的树枝"，尽可能在出现的早期就从根部疏剪掉（夏季修剪）。

　　修剪即留下春枝，疏剪和剪短夏枝与秋枝。但在3月剪枝时，很难区分春枝、夏枝和秋枝，需要一定的经验才可准确区分。区分的要点之一是观察有无柑橘潜叶蛾。春枝几乎没有，但在夏枝和秋枝上比较多见。此外，夏枝可徒长到25厘米以上，夏枝和秋枝的切面呈三角形。

被柑橘潜叶蛾为害的秋枝。

徒长的夏枝。

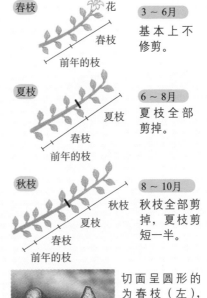

切面呈圆形的为春枝（左），切面呈三角形的为夏枝（右）。

第三步：剪短长枝的前端

　　完成第一和第二步之后，挑选长枝（25厘米以上），剪去其1/3的长度。通过剪短，当年的春天就会长出适宜长度的树枝。

　　剪短长枝（25厘米以上）是因为长枝大多数的养分都用于生长枝条，所以无法长出花芽，也很难结果生长。剪短后，即可长出正常的树枝，下一年就能结果。

　　如果剪短正常生长的枝条，会减少当年的果实产量。因为柑橘的花芽都长在树枝的前端，如果剪短，会减少很多花芽。所以注意不要剪短正常生长的枝条（下一页左上图）。

　　另外，如果能区分春枝、夏枝、秋枝，不要剪短1/3长度，而是要按照85页插图的方式修剪夏枝和秋枝。

● **修剪位置**　　　　　● **剪短的位置与长出树枝的长度**

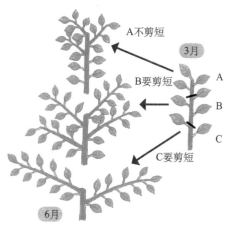

A不剪短

3月

B要剪短

A

B

C要剪短

C

6月

△A 不剪短→只有在尖端附近长出很短的枝
○B 要剪短→枝条过多
×C 要剪短→出现徒长枝

● 柑橘花芽的位置

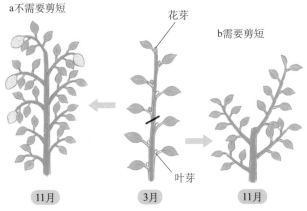

a不需要剪短

花芽

b需要剪短

叶芽

11月　　　3月　　　11月

从外观上无法区分花芽和叶芽

不需要剪短的情况（a）与需要剪短的情况（b）。柑橘的花芽都在树枝的前端生长，如果剪短，本期就不能收获果实了。但是，春枝比较例外，树枝根部也有花芽长出，即使剪短，也有可采收果实。

剪枝后涂抹愈合促进剂

①～③各阶段的修剪完成后，为了防止干枯和感染病原菌，在切口处涂抹愈合促进剂（在剪枝的同时涂抹也可以）。愈合促进剂呈糊状，含有杀菌剂，涂抹后接触到空气立即凝固。如果买不到，可以用木工使用的黏着剂代替。如果不能涂抹全部的切口，可以优先涂抹直径大于1厘米的切口。

愈合促进剂如果沾到衣服上很难擦掉，因此，在凝固之前不要触碰。

柑橘菜谱的推荐

橘子酱

带籽一起煮，可以变得黏稠。果肉容易煮烂。

材料

柑橘：（图片是清见）10个（2千克）
白砂糖：果肉与果皮重量1/2的量
柠檬汁：60毫升
粗盐：适量

制作方法

1.将盐搓进柑橘的皮孔，之后用水冲洗。
2.剥掉果皮，将果皮切成丝，果肉切成1厘米大小的块。之后将果皮、果肉（可带籽）一起放入锅中，再加上白砂糖与柠檬汁搅拌，放置10分钟。
3.等到渗出来的水将白砂糖浸湿，开始用中火煮。
4.煮沸后改小火，用木铲搅拌（防止烧糊），大约煮15分钟，等到变得黏稠停火。放凉后取出籽，保存到容器中即可。

日本柚子胡椒酱

夏天采摘的绿色日本柚子搭配绿色辣椒，冬天黄色的日本柚子搭配红色辣椒。取出辣椒籽，可以减轻辣度。如果冷藏，可以保存1年。

材料

日本柚子：5个（果肉重30克）
日本柚子汁：大勺1勺半
生辣椒：150克（去掉蒂后130克）
粗盐：24克

制作方法

1.用刀削去柚果皮表面薄薄一层。切成两半，取籽儿，榨成汁。
2.将辣椒去蒂，切成1～2厘米宽。
3.将1、2、粗盐放入食品搅拌器内，搅拌至黏稠。
4.装入密封容器冷藏1周左右即可入味。

第④章

柑橘的日常管理与繁殖

病虫害防治

从预防开始

减少病虫害的关键不是出现之后采取措施，而是在未出现时采取预防措施。通过以下3个方法，做好预防。

①处理枯枝与落叶

很多病原菌与害虫在枯枝和落叶上越冬，因此需要处理掉。

②盆栽放置在房檐下等场所

病原菌如果是丝状菌，侵染和繁殖需要有水的环境。如果把盆栽放到房檐下等阳光充足，且不会被雨水淋湿的场所，可以降低发病率。

③喷洒机油乳剂

虽然柑橘可以无农药栽培，但病虫害严重时，要想保证外观和产量，就需要喷洒药剂。机油乳剂是以机油为主要成分的药剂。在12至翌年1月和6月间喷洒，可以驱除介壳虫等害虫，也可以减少之后发病的概率。

发生后的对策

如果采取了预防措施还是出现了病虫害，就需要立刻处理。

①人工摘除或用水冲洗

发现害虫后可戴上手套摘除或用方便筷夹掉。如果害虫较小，可以用水冲洗。

如果染病，初期感染部位较小时可以切除，防止感染扩散。如果感染严重，考虑喷洒药剂。

②喷洒药剂

要尽量避免喷洒药剂。但是，每年都出现病虫害并且不好处理时，可以考虑使用药剂。

预防的药剂有很多。参考96～101页与第3章的每月病虫害图片，查找病虫害的名字，对照下面表格与药剂名称进行选择。

● 柑橘杀菌剂应用实例

（2015年12月）

病害	波尔多液	代森锰可湿性粉剂	苯菌灵可湿性粉剂	甲基硫菌灵可湿性粉剂
溃疡病	○			
疮痂病	○		○*	○*
黑星病		○		
灰霉病			○*	
轴腐病			○	○
绿霉病			○	○

资料来源：农药登录情报提供系统（农业消费安全技术中心网站）。

注：1.登录内容随时更新，应参照最新登录内容。

2.药液的稀释倍数、使用量、使用时期、总使用次数等参照药剂标签。

3.喷洒药剂时应选择无风天气。

* 表示只适用于温州蜜柑。

● 柑橘杀虫剂应用实例

害虫	马拉硫磷乳油	啶虫脒水剂	可尼丁水剂	氯菊酯气雾剂	可尼丁可溶性粉剂	机油乳剂	联苯肼酯悬浮剂
蚜虫	○*	○	○		○		
柑橘潜叶蛾			○		○		
星天牛				○	○		
凤蝶					○		
介壳虫	○*					○	
柑橘叶螨	○*					○	○
柑橘锈螨						○	○

资料来源：农药登录情报提供系统（农业消费安全技术中心网站）。

注：1.登录内容随时更新，应参照最新登录内容。

2.药液的稀释倍数、使用量、使用时期、总使用次数等参照药剂标签。

3.喷洒药剂时请选择无风天气。

* 表示夏季橙除外。

溃疡病（83页）

枝、叶、果实上出现木栓状的斑点。病原菌一般从伤口侵染，因此要防除容易制造伤口的柑橘潜叶蛾，同时，剪掉树上的刺。

疮痂病（51页）

枝、叶、果实上出现疙瘩状或者疮痂状的突起。初期去掉感染处即可。容易出现在温州蜜柑和柠檬上。

黑星病（57、61 页）

轴腐病

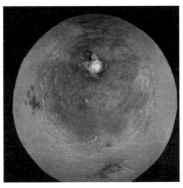

枝、叶、果实上出现小黑斑。处理枯枝（病原菌越冬场所）。储藏中出现轴腐病也是同样的病原菌引起的。

灰霉病（53 页）

残留的花瓣长出霉菌，果实接触的部分变灰、凹陷。开花后去掉花瓣可以避免该病的发生。

煤烟病（61页）

枝、叶、果实表面变脏（泛黑）。需要防治介壳虫和蚜虫。

绿（青）霉病（70页）

储藏中的果实滋长出白色、蓝色、绿色的霉菌。采收时不要损伤果实，采收后做一些预防措施可以减少发生。

蚜虫（51页）

聚集在新叶上刺吸汁液，造成叶片卷曲。发现后立即用手摘除或用水冲洗。蚜虫分泌蜜露，可导致煤烟病的发生。

柑橘潜叶蛾（61页）

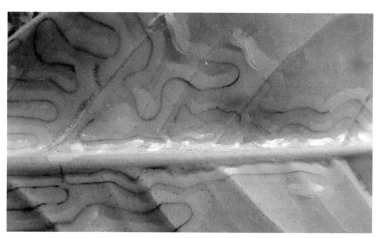

幼虫潜藏在嫩叶、嫩茎或果皮下蛀食为害，留下白色弯道状痕迹。摘掉有幼虫的叶片。

天牛（57页）

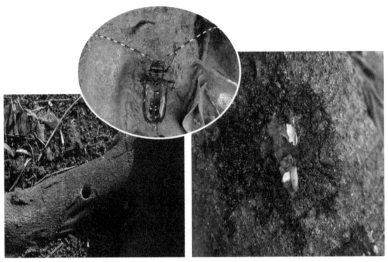

幼虫在树干上挖洞，产出木屑与粪便，可造成树体干枯（左图）。发现后立即捕杀。上图为成虫。

介壳虫（57页）

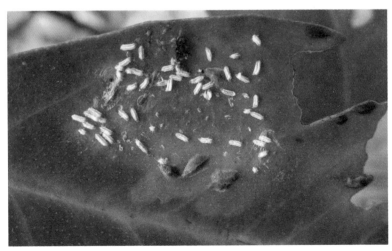

矢尖蚧、红蜡蚧等吸食枝叶和果实。发现后立即擦掉。

柑橘叶螨（59、73页）

在枝、叶、果实上吸食汁液。成虫只有0.4毫米。柑橘叶螨厌恶水，因此可在晴天用水冲洗枝叶。

柑橘锈螨（59页）

主要吸食果汁，被害果实表现出现黑色或灰色的污渍，果实变硬。梅雨和秋雨之前喷洒药剂防治效果最好。

施　肥

一年分3～4次施肥

如果施肥过量，就会出现烧伤树根、肥料养分流失等现象。因此，柑橘施肥一般包括基肥（2月）、追肥（6月、9月）、感谢肥（11月），一年分3～4次施肥。

基肥是以促进枝叶生长和结果为目的，2月施基肥。基肥还能在休眠期使土质变得蓬松。

追肥的目的是促进果实的膨大。对于温州蜜柑等在12月之前采收的柑橘，如果在成熟前施肥过量，会导致成熟延迟和含糖量降低。因此，在6月追肥一次即可。对于采收期早的香酸柑橘和1月以后采收的柑橘，6月和9月分两次进行追肥（每次追肥肥量减半）。

感谢肥的目的是补充一年消耗的养分。除了12月采收的柑橘，1月以后采收的柑橘也可以在11月施感谢肥，补充消耗的养分。

在土壤表面施肥

庭院栽培时，在与树冠相同面积在地表上均匀施肥。如果有闲暇时间，用锹进行浅埋，可以促进吸收。

盆栽时在土壤表面均匀撒施肥料即可，无需掩埋。

基肥要持久，追肥要速效

肥料主要分为有机肥（油料残渣、鸡粪等）与无机肥（化学合成肥料）。最近大家都比较倾向于使用有机肥，但如果能满足土壤的物理性质（蓬松度）与化学性质（营养方面）的要求，无论使用哪种肥料都没有问题。

基肥注重的是改善土壤的物理性质，并且效果要持久，因此选择油料残渣（氮、磷、钾比为5∶3∶2等）比较适合。追肥与感谢肥注重速效性，因此推荐使用化学肥料（氮磷钾比为8∶8∶8等）。施肥量参照下表。

施肥的位置

庭院栽培

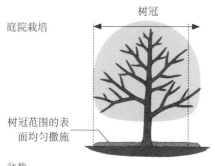

树冠

树冠范围的表
面均匀撒施

盆栽

在表面均匀撒施

基肥、追肥、采果肥（感谢肥）的施肥期和比例

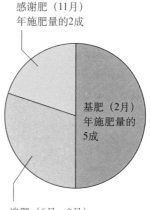

感谢肥（11月）
年施肥量的2成

基肥（2月）
年施肥量的
5成

追肥（6月、9月）
年施肥量的3成

施肥期	肥料的种类	庭院栽培			盆栽		
		树冠直径			花盆大小		
		1米以下	2米	4米	8号	10号	15号
2月	油料残渣	240克	960克	4 000克	60克	90克	180克
6月	化学肥料	70克	280克	1 000克	18克	27克	54克
11月	化学肥料	50克	200克	800克	12克	18克	36克

注：1.油料残渣氮、磷、钾比例为5：3：2。
　　2.化学肥料氮、磷、钾比例为8：8：8。
　　3.早的香酸柑橘和1月以后采收的柑橘，6月和9月是采收期。

盆栽放置场所

春秋放置在光照充足的房檐下

　　柑橘喜光，光照越充足，生长越好。因此尽量放置在光照充足的场所，保证其光合作用。

　　柑橘染病大部分的原因是丝状菌引起，丝状菌通过雨水等有水的条件繁殖扩散。因此，放置到不被雨水淋到的房檐下等场所，可以有效地减少因丝状菌引起的黑星病和灰霉病等。即使房檐下光照不充足，在降雨频繁的梅雨季节也是不错的选择。

冬天放置到室内

　　如果居住地的最低气温接近或低于柑橘能承受的最低温度（16页），为了防止果树冻伤，需要将盆栽移动到室内。冬天柑橘植株也需进行光合作用，因此，尽量放到光照充足的窗边。在室内注意不要让空调等的暖风直接吹向盆栽。

● **放置场所**

长期从一侧照射阳光，树的长势会倾斜。因此需要定期旋转90度。

冬天放置到室内光照充足的位置。花盆底放置托盘，防止漏水。

春秋放置在光照充足的房檐下最为理想。光照越充足，长势越好，对果实的生长也越有利。因此，1天至少保证3小时阳光直射。

104

盆栽浇水方法

土壤表面干燥后再浇水

　　盆栽会导致根的生长范围受限，因此需要定期浇水。如果放置到房檐下，花盆的土壤特别容易干燥。

　　浇水的时机就是"花盆土壤的表面干燥时"。大致的标准是春季2～3天1次、夏季1天1～2次、秋季1～3天1次、冬季3～7天1次。浇水时，注意不要把水淋向枝叶，减少染病的概率。

叶面喷洒

　　浇水时，一般不会直接浇到叶面上。但是还有例外，在高温天气时需要降低枝叶的温度或者冲洗污垢和叶螨时，可以直接在叶面上浇水（下图）。最好在晴朗的天气进行。

● 平时浇水

为了防止淋湿枝叶，喷头朝向植株下部，在土壤上浇水。如果枝叶处于持续被淋湿的状态，容易引发黑星病和灰霉病。

● 叶面浇水

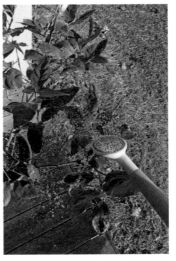

直接往枝叶上浇水（叶面浇水），要在叶片淋湿后马上就能干的天气进行。

播　种

适期：全年（3 ~ 4月最佳）

吃完果实后剩下的籽，不由得想试种一下。柑橘如果从种子开始培育，大概需要8年才能结果。如果不怕时间长可以尝试。种下的种子可能会产生新的品种。此外，种子长出的苗在嫁接制作苗木时可以作为砧木使用。

3 ~ 4月是播种的最佳时期。如果在室内，能够确保夜间温度在10℃以上，播种后2周左右生根、发芽。因此，从果实取出的种子随时可以播种。

将种子用湿润的脱脂棉包裹好，在室内生根发芽后移栽到户外。通过在脱脂棉里播种，还可以观察到多胚的柑橘发出多个芽的情形（参照下一页）。

柚傻瓜18年

"桃栗3年、柿子8年"这个谚语表述的是种下种子后到初次结果需要的年数。在日本江户时代后期的文献中就有所记载。

对于这个谚语，后来又加上了"枇杷9年、梅13年、柚傻瓜18年"的说法。

地域和年代不同，有诸多说法，但是从古至今日本柚子就是初次结果年限最长的代表。

实际上，18年可能言之过重，但日本柚子容易长成大树，枝的生长也异常旺盛，导致花和果实很难分得养分，因此，到初次结果需要的年数可能比前面讲述的"初次结果需要8年"更要长。要想缩短达初次结果需要的年份，除了盆栽方法外，还要注意施肥过量和剪枝过量等问题，另外要引导树枝横向生长。

● 播种流程

外种皮

内种皮

❶剥掉种子（a）的外种皮（b）。如果可能，最好把内种皮也剥掉（c）。剥掉种皮后，不易发霉，并且生根、发芽会提早7天左右。

❷将脱脂棉重叠4层，浸湿，再将剥皮后的种子一个一个包裹好。最好放置到有隔层的制冰盘等容器内。之后定期浇水。

❸如果能够确保夜间温度在10℃以上，2周左右就会生根、发芽。1 ～ 2个月后可以移植。图为种子2个月后的样子。

❹如果一颗种子发出多颗芽，移植时尽量分开。如果根是相连的，可以不用分开，原样移植即可。也可以和脱脂棉一起移植。

❺使用2 ～ 3号大小的花盆，在盆里放入用土，然后开始移植。用土可以使用蔬菜专用土。

❻移栽后定期浇水。4 ～ 10月可以放在光照充足的室外，11月至翌年3月放到室内光照充足的场所。根据生长状况进行移植（80页）。

一个种子发多颗芽

　　大多数柑橘都有1个种子长出多颗芽的性质（多胚性，下图）。这种现象的原因是形成种子时，来自母本的珠心细胞异常分裂，形成多个珠心胚引起。但是珠心胚膨大时会破坏合子胚（受精卵发育而成，具有父本与母本的性质），导致发芽的都是母体的克隆（但有时发生突变，可长出与母本不同的个体）。胚的数量根据种类和品种而不同（下表）。

　　另外，文旦和八朔柑等的珠心细胞不会出现异常分裂现象，合子胚（受精卵）能够正常发育、结果。只发出一颗芽（单胚性），并且具有父本与母本两方的性质。因此，很有可能结出不同性质的果实。因此，在柑橘品种改良时经常使用单胚性的柑橘。

（左）里斯本、（右）北京柠檬。单胚性的北京柠檬只发出1颗芽，多胚性的里斯本发出2颗芽。就像这样，即使同样都是柠檬，品种不同性质也不同。

柑橘的胚的数量

种类、品种	胚的数量（个）	单胚或多胚
温州蜜柑	20.78	多胚
夏橘	4.04	多胚
柚	4.90	多胚
里斯本（柠檬）	2.38	多胚
伏令夏橙	17.92	多胚
枸橘	4.98	多胚
本田文旦	1.00	单胚
八朔	1.02	单胚
北京柠檬	1.10	单胚
伊予柑	1.00	单胚

嫁　接

枝接适期：3 ～ 4月。

培育苗木为目的的嫁接方法。按照①～③的步骤进行。

①提前1 ～ 2年前培育砧木

培育成适合做嫁接粗细的砧木需要1 ～ 2年的时间。因此需要预先播种（104页），预备好砧木。一般使用抗病性和耐寒性较强的枸橘（如飞龙等）。如果不能获取这类种子，也可以选择其他的种子。

②在温度低时剪取接穗

接穗选用与砧木粗细相同的春枝（切面呈圆形，89页）。

在嫁接的最佳时期（3 ～ 4月），树木的液体处于活跃期，因此在2月下旬树木的液体处于缓慢期时进行剪取接穗。接穗切成20厘米长，再把上面的叶片从叶柄处剪去，之后把接穗用塑料袋密封，冷藏到冰箱的蔬菜室，等到嫁接时再取出使用。

● **准备砧木**

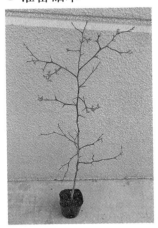

播种2年后的枸橘。适合嫁接的树干粗为7毫米左右。

● **准备接穗**

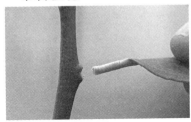

用剪刀从叶柄底部剪掉。

将接穗切成20厘米长，放进密封的塑料袋中，保存在冰箱的蔬菜室。

③接合接穗与砧木

根据接穗的不同，嫁接分为枝接和芽接。枝接又根据砧木切法的不同分为切接法、劈接法、腹接法。

本书中介绍初学者容易理解，成功率高的切接法。实施切接法的最佳时期是3～4月。

嫁接的关键点是接穗与砧木的形成层对准扎牢。形成层是树皮与木质之间的米黄色细胞层。接合接穗与砧木的形成层，会产生新的细胞，然后结合。

注意不能让接穗与砧木的切口干燥。因此，切掉树枝后必须立即接合。另外，如果触碰到嫁接后的接穗，接合面容易错位，因此在半年之内尽量不要触碰接穗。

● **嫁接的分类**

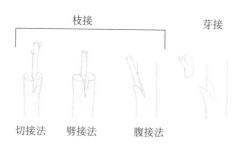

● **嫁接要点**

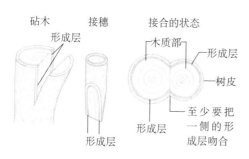

● **树枝的横切面**

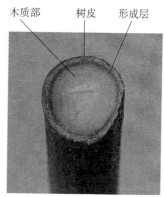

如果接穗和砧木的粗细相同，形成层的吻合概率高。接合时，如果形成层完全吻合，成功的概率就会提高。如果接穗和砧木粗细不一样，形成层不能完全吻合时，至少让一侧的形成层吻合。

● 枝接流程

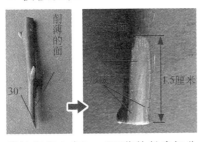

❶按每段上有1～2颗芽的长度切分接穗（左）。接合部分长度1.5厘米，深度削到能够看见形成层即可（右）。继续把一面的前端切成30°的楔形。

❷砧木从方便嫁接的位置剪断（离花盆上方5～10厘米）。剪断时使用锋利的专业剪刀，防止切面破碎。剪完后如果切面不规整，使用比较锋利的嫁接专用刀进行修整。

❸砧木的顶端削成长度1.5厘米，深度为能看见两条形成层即可。最好使用锋利的木工刀或美工刀。

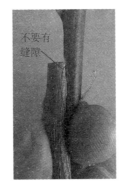

❹接合接穗与砧木。这时如果接合面有缝隙肯定会失败。因此，需要把接穗与砧木的切面修平。

❺两个形成层结合后（要保证两者之间没有间隙），将接合处用嫁接专用胶布或接线用塑料胶带固定扎实。

❻为了防止干燥，套上塑料袋，将塑料袋用铁丝等固定。萌芽2周后取下塑料袋。放置到室外的阴凉处，半年之内不要触碰接穗。

111

体验高位嫁接，收获各种各样的柑橘

　　不必培育新的苗木，而是用已有的成木为砧木，用其他种类或品种柑橘的枝作为接穗，进行接合的方法叫做高位嫁接法。柑橘之间具有亲和力的种类较多，基本上很多种类之间都能嫁接（有少许亲和力差的组合）。即使只有一棵树，通过嫁接各种柑橘，在2～3年后可以收获多种柑橘。学会嫁接后，可以尝试在自己的果树上嫁接各式各样的种类和品种。

　　方法就是把培育苗木的嫁接中的砧木换为成木的树枝即可。注意每年剪枝时避免修剪嫁接的树枝。接合的部位尽量不要选择在树枝的前端，要尽量靠近主干，且靠近树根附近的树枝最好。因此，在小树时嫁接最好。

● **高位嫁接示意图**

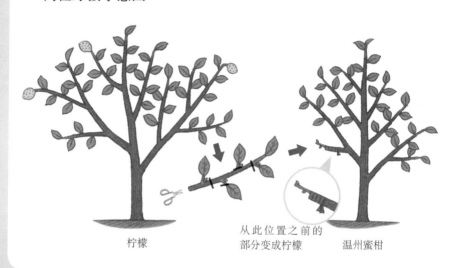

柠檬　　　　从此位置之前的　　　温州蜜柑
　　　　　　部分变成柠檬

利用高位嫁接法，造出收获多种果实的果树是非常有趣的事情。例如，即使庭院面积有限，只能栽培一颗温州蜜柑，也可以从酸橘（采收期8月）、臭橙（9月）、台湾香檬（10月）、日本柚子（12月）、脐橙（1月）、河内晚柑（2月）、桶柑（3月）、夏橘（4月）、日向夏（5月）、伏令夏橙（6～7月）中挑选2～3种进行嫁接，体验即使只栽培一棵树，也能在不同时期采收不同柑橘。

● 栽培一棵可以采收不同柑橘的树

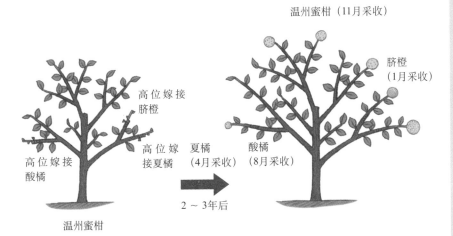

温州蜜柑（11月采收）

脐橙（1月采收）

高位嫁接脐橙

高位嫁接夏橘

高位嫁接酸橘

夏橘（4月采收）

酸橘（8月采收）

温州蜜柑

2～3年后

但是，如果嫁接的种类过多，果树的体力无法维持，坐果量可能减少。此外，如果接穗感染了病毒（柑橘腐根病病毒），容易扩散到果树全身。再有，有些品种受到相关法律法规的保护，限制随意繁殖，需要引起注意。

图书在版编目（CIP）数据

图说柑橘整形修剪与12月栽培管理/（日）三轮正幸著；新锐园艺工作室组译.—北京：中国农业出版社，2020.1

（园艺大师系列）

ISBN 978-7-109-25902-7

Ⅰ.①图… Ⅱ.①三… ②新… Ⅲ.①柑橘类-修剪-图解②柑橘类-果树园艺-图解 Ⅳ.①S666-64

中国版本图书馆CIP数据核字（2019）第196700号

合同登记号：图字01-2018-8284号

中国农业出版社出版

地址：北京市朝阳区麦子店街18号楼

邮编：100125

责任编辑：郭晨茜 国 圆 孟令洋

责任校对：吴丽婷

印刷：北京中科印刷有限公司

版次：2020年1月第1版

印次：2020年1月北京第1次印刷

发行：新华书店北京发行所

开本：880mm×1230mm 1/32

印张：3.75

字数：120千字

定价：28.00元

KATEIDEDEKIRU OISHII KANKITSU ZUKURI 12KAGETSU by Masayuki Miwa

Copyright © Masayuki Miwa, 2016

All rights reserved.

Original Japanese edition published by Ie-No-Hikari Association

Simplified Chinese translation copyright © 2019 by China Agriculture Press

This Simplified Chinese edition published by arrangement with Ie-No-Hikari Association, Tokyo, through HonnoKizuna, Inc., Tokyo, and Beijing Kareka Consultation Center

本书简体中文版由家之光协会授权中国农业出版社有限公司独家出版发行。通过株式会社本之绊和北京可丽可咨询中心两家代理办理相关事宜。本书内容的任何部分，事先未经出版者书面许可，不得以任何方式或手段复制或刊载。